林木根系与土壤
的拉拔摩擦特性研究

陈丽华 等◎编著

中国林业出版社

图书在版编目（CIP）数据

林木根系与土壤的拉拔摩擦特性研究 / 陈丽华等编著 .-- 北京 : 中国林业出版社 , 2021.3

ISBN 978-7-5219-1043-8

Ⅰ . ①林… Ⅱ . ①陈… Ⅲ . ①林木—根系—关系—土壤—研究 Ⅳ . ① S723.1 ② S15

中国版本图书馆 CIP 数据核字（2021）第 033075 号

责任编辑：袁　理

出　版：中国林业出版社（100009　北京西城区刘海胡同 7 号）
网　站：http://www.forestry.gov.cn/lycb.html
印　刷：中林科印文化发展（北京）有限公司
发　行：中国林业出版社
电　话：(010) 83143517
版　次：2021 年 3 月第 1 版
印　次：2021 年 3 月第 1 次
开　本：710mm×1000mm　1/16
印　张：10.25
字　数：167 千字
定　价：68.00 元

《林木根系与土壤的拉拔摩擦特性研究》
编写人员

主　　编：陈丽华

副 主 编：赵红华　洪德伟

编写人员：（按汉语拼音排序）

　　　　　曹云生　及金楠　冀晓东　康影丽

　　　　　李　宁　刘小光　杨苑君　张超波

　　　　　周　硕

前　言

近年来，随着社会经济的发展和生态文明的建设，我国水土保持理念不断更新，在水土保持的同时更注重生态环境保护，各类水土保持措施在实现功能的同时，兼具生态景观效益。植物作为水土保持的生物措施在改善生态环境、减少水土流失、固土护坡等方面的作用已经为公众所理解和认可，同时越来越多的研究者对于其作用机理、特性等开展了一系列相关研究。根系作为植物重要的器官，不仅吸收土壤中的营养成分，而且起到支撑作用。本书在对林木根系形态，以及林木单根抗拉伸特性充分试验研究和分析的基础上，试图探讨在发生滑坡时根系与土壤之间的拉拔摩擦作用，以期为建立根系固土护坡作用的模型提供基础理论研究依据，进而为今后生态护坡工程提供一定的理论支撑。

本书共 6 章。第 1 章概括介绍了林木根系形态分布、拉伸特性及与土壤相互作用等；第 2 章对本书涉及的两种不同典型研究区概况、根系研究方法以及研究试验材料进行介绍；第 3 章对两种典型研究区内不同树种的根系形态与分布特征进行研究分析；第 4 章在参考大量根系抗拉伸试验研究数据的基础上，对林木根系拉伸特性进行详细研究分析；第 5 章至第 6 章主要介绍了林木单根拉拔与林木群根拉拔研究情况。

本书是在作者多年研究成果，并参考和对比分析了当前林木根系研究的相关成果的基础上形成的，在此谨向相关作者致以深深的谢意。本书的出版得到了国家林业局行业专项"典型区域森林生态系统健康维护与经营技术研究（200804022）"的资助，在此表示感谢。

由于林木根系的固土护坡作用，特别是对于根系与土壤之间拉拔摩擦作用的研究尚处于起步阶段，从试验手段到理论基础都还在不断探索中，加之笔者的理论水平和知识水平有限，不足之处在所难免，敬请读者批评指正。

陈丽华

2020 年 11 月

目 录

1 绪论

在过去的很长一段时间，由于人们对于水土流失问题认识不足，为了满足社会发展的需要而过度砍伐森林，无节制开采矿产资源，造成很多区域出现了严重的水土流失，并由此引发了诸多自然灾害，如干旱、洪涝、泥石流和山体滑坡等，对人民生产、生活和国民经济发展产生了极大的影响。近些年来，随着经济的发展、政府的引导和公众保护水土意识的提高，水土流失问题越来越受到关注。

目前的水土保持措施主要分为两大类：一类是水土保持工程措施，即为了增加土壤入渗量而进行的改变小地形、拦蓄径流等措施，一般包括梯田、水平沟和拦水沟埂等，在这些措施中充分利用了水、土、光、温等因素，从而达到减少水土流失，合理利用水土资源，建立良好生态环境的目的；另一类是水土保持生物措施，是指以控制水土流失、改良土壤、保护和合理利用水土资源、维持和提高土地生产潜力为主要目标的造林种草措施，如在水土流失地区人工造林或飞播造林种草、封山育林等。生物措施相较工程措施而言，除了能够控制水土流失情况，并且能营造一种人与自然和谐相处的自然生态环境，兼具工程意义和美化景观意义，因此在这两大类水土保持措施当中，生物措施被更加广泛地利用。

在水土保持生物措施中起决定作用的是包括乔、灌、草在内的各种植物，而根系特别是乔木根系是植物重要的营养和支持器官，对防止水土流失、稳定边坡起到了三个方面的重要作用。①水文作用。植物通过根系吸收水分，在保证植物生命活动的同时，也能促使水分深层下渗和保证植物蒸腾作用，减少了浅层土壤水分含量，导致土体自重下降，从而降低发生浅层滑坡的可能性。②物理力学作用。由于根系相对土壤而言具有更好的抗拉性能和抗剪性能，故当根系与土壤相互作用形成一个整体后，其抗剪强度相较单一土体的抗剪强度有极大的提升。③化学黏聚作用，在树木生长过程中根系分泌物与土壤微生物发生一系列生物化学作用，使根系与周边土壤紧密地黏结在一起，再加上土壤中盘根错节的根系网络也提高了根系与土壤的结合，从而达到根系固土的作用。由于根系对于边坡稳定具有上述三个方面的作用，故根系固土机制研究作为通过生物措施来防治水土流失的基础理论研究越来越受到关注。

油松（*Pinus tabuliformis*）作为我国北方地区的主要造林树种，具有很强的生理生态适应性和良好的涵养水源、改良土壤、保持水土和美化环境的作用，是植树造林、荒山绿化、固坡护坡的先锋树种。我国北方地区通过大面积种植油松，有效地改善生态环境，对防止水土流失起到了重要的作用。油松的根系发达，属于主根型树种，即由浅土层的水平分布根系和深土层的垂直分布根系构成的树种，其根系分布形态较好地满足了根系固持边坡土体的必要条件。

本书以生长于我国北方黄土区和土石山区的油松为主要研究对象，通过与兴安落叶松（*Larix gmelinii*）、白桦（*Betula platyphylla*）、蒙古栎（*Quercus mongolica*）等树种的对比，从根系形态、单根抗拉特性、根系与土壤间性能三个方面对根系固土作用进行了分析，为建立根系固土护坡作用的模型提供基础理论研究依据。

1.1 林木根系形态分布及与根系固土的关系

1.1.1 林木根系形态研究状况

植物的根系形态对其固土作用有着重要的影响。不同的根系分布形状不仅会影响植物的生长和发育，而且其固土原理和能力也不相同，因此对于根系形态的研究一直以来是植物研究和土壤研究的重要内容。最早关于根系形态的研究已无从考证，但是由于根系采集具有易损性和不可重复性，故一直是相关研究的难点，有关的研究成果也相对较少。

美国在 20 世纪 80 年代就开始把侧根形态作为评价幼苗质量的一项潜在指标（Ruehle and Kormanik，1986；Kormanik and Muse，1986；Soethe 等，2006），并对厄瓜多尔的 6 个树种的根系形态进行了研究，结果表明分布在不同海拔的林木根系形态有明显差异，海拔越高根系可利用土壤的深度越浅。Béreau 等（1994）对圭亚那热带雨林的 21 个主要树种的根系形态进行了观察和描述。Sudmeyer（2002）对处于农业系统中的 3 种常见树木根系形态进行了研究，以探讨不同树种根型对农作物的影响。Meinen 等（2009）通过对温带阔叶林树种细根的生物量和形态的研究来反映物种多样性，以探讨通过地下的指标来反映植物地上的信息。Hendrick 等（1992）通过微根管法测定了树木根系的空间分布异质性。Di Iorio 等（2005）对不同坡度的绒毛栎（*Quercus pubescens*）根系结构进行分析，研究表明，根系的不对称性是对环境因素的一种适应性响应以增加树的稳定性。Eis（1974）对温哥华岛不同树种的根系形态进行的研究表明，树冠高度和土壤深度对根系分布形态有重要影响。

国内对于植物根系研究的最早记录也无从考证，1957 年，庄晚芳（1957）就对不同立地条件下茶树的根系形态和分布规律进行了研究，分析了根系形态与茶叶产量的关系。对不同造林树种根系的研究开始于 1964 年，当时主要是对油松、河北杨（*Populus hopeiensis*）等人工幼林根系进行研究。宋朝枢等（1964）对各林龄黑杨（*Populus nigra*）的根系特征和形态进行了分析和描述，并提出了黑杨的造林建议。在中断 15 年后，于 1979 年重新开展了主要造林树种的根系研究工作。向师庆等（1981）通过剖面须根法对北京的油松、华北落叶松（*Larix principis-rupprechtii*）、侧柏（*Platycladus orientalis*）和栓皮栎（*Quercus variabilis*）等树种的根系进行了调查研究，对树木根型进行了分类，并绘制了不同树种根系分布图。翟明普（1982）对北京西山地区油松与元宝槭（*Acer truncatum*）混交林根系形态和分布的研究表明，油松和元宝槭混交林中两物种根系不会产生明显竞争作用，既有利于油松根系的生长发育，同时也可保证元宝槭的生长正常。李成烈等（1983）以筛选农田防护林树种为目的对几种杨树的根系形态进行了研究，以期为改善农田防林设计和选择适宜林带树种提供科学依据。谢文华等（1995）对马尾松（*Pinus massoniana*）和杜仲（*Eucommia ulmoides*）混交林根系的形态和生物量分布规律进行了研究，结果表明两树种根系在土壤中分布合理，无相互排斥现象。石培礼等（1996）对各林龄桤柏混交林根系的生物量和各径级根系的生物量分配规律进行了研究。季永华等（1998）对 8 种河堤防护林带树木根系形态特征的研究表明，树种之间根系分布差异显著，植物的存在对河堤起到良好的保护作用。赵忠等（2000）对渭北黄土高原主要造林树种根系分布特征进行了研究，研究表明立地条件对根系的分布特征有明显的影响，土壤特征对根系分布的影响显著。刘秀萍等（2007）基于拓扑分析对油松根系分形模型进行了研究，认为管状模型可以用来通过油松根基直径预测油松根系的总长、干重和单位重量根长。刘金梁（2008）对东北 5 个树种红皮云杉（*Picea koraiensis*）、红松（*Pinus koraiensis*）、糠椴（*Tilia mandshurica*）、兴安落叶松和水曲柳（*Fraxinus mandshurica*）的根系结构的研究表明，可以通过模型来表达和预测根系形态指标和构型指标与根系间的关系。刘丽娜等（2008）对北京市的油松、侧柏和白皮松（*Pinus bungeana*）的根系长度、表面积、体积和根系序级等形态特征的分析结果表明，油松根系的分枝能力大于侧柏和白皮松。何功秀（2008）对桤木（*Alnus cremastogyne*）人工林根系的形态、生物量等进行的研究表明，不同林龄和不同立地条件桤木人工林的根系特征不同。王政权等（2008）以细根为切入点，通过研究细根的分枝结构和生物量分布特性，从根系生理生态过程探讨了不同生态系统的细根分布、寿命和周转的大致格局。宋恒川等（2012）采用全挖掘法对华北土石山区的 4 种常见乔木根系形态进行了研究，并采用 Sketchup 软件对根系形态进行了模拟。成文浩等（2013）通过根钻法对贺兰山油松林根系空间分布特征的研究表明，随着土层深度的增加，根系分布的长度、径阶组成以及数量差异显著。

1.1.2　根系形态与根系固土的关系

一般来说，一株树木的根系大致可以划分为 3 种：主根，从树干分出的垂直向下生长的粗根；侧根，从树干分出的沿水平方向生长的根；不定根，生长在主根上的或从树干上生出的、不属于上述两种情况的根。林木根系的形态决定了它对植物体本身所起的固定作用和吸收作用的大小。20世纪 50 年代中期，Lemke（1956）提出了新的根型研究和分类方法，即按照根系的形态分布特征将根系类型分为垂直根型、散生根型（斜生根型或心状根型）和水平根型三类。Wu 等（2004）研究发现具有 3 种不同根系形态的林木在滑坡过程中的破坏形式完全不同。垂直根型因为应力集中在主根上，主根能充分发挥其所具有的抗拉强度直至破坏。而水平根型和散生状根型的，由于应力被分布在几个或更多的根上，导致这两种根型的许多根系在发生较大剪切位移时并不会被拉断，根系的抗拉强度没有被充分发挥。Wu 等的结论认为，垂直根型加上水平侧根的形态，对于稳定边坡更有利，更能提高边坡的安全系数。

土壤中处于不同深浅位置的根系，其作用机理也不尽相同。对于植物中土壤浅层的根系，它们属于植物主要吸收营养物质的部位，除此之外还兼具稳定支持作用；这些土壤浅层根系，其形态及在土壤中的走向分布复杂，且大部分根系的直径都比较小，因此可将该类根系与土体的结合看成是根系对土壤的三维加筋作用，这种加筋作用使根系与土体形成一个稳定牢固的根土复合体，从而达到提高土体抗剪强度的作用。另一种根系是分布在土壤深层的植物根系，这种根系虽然在植物体中也承担着吸收营养的作用，但其更大的作用是深扎进土壤中来稳定植物体；这些根系往往直径较大，在土壤中与土壤的相互作用相当于工程中的锚杆作用。这种根系垂直穿过斜坡的浅土层，将浅土层的土体和植物本身直接锚固在深土层中。在对植物护坡中根系的力学作用进行分析之后得出根系固持边坡土体的必要条件是：植物根系必须要穿过滑动面深扎进边坡土体深处的稳定土层中才能实现植物根系对浅层土体及整个植物体的锚杆作用。植物根系通过深扎在稳定土层中的锚杆作用，使浅层不稳定土层与深层稳定土层形成一个统一的整体，达到根系固持土体的作用。封金财等（2004）的研究结果表明在单位土层面积上且根系横截面积相同的情况下，土中含有较多的细根比含有较少的粗根对提高土体的抗剪强度更有效。主根可以穿过边坡的潜在滑移面，伸进基岩的裂缝中，起到类似抗滑桩与锚杆的作用，将土层受到的剪应力转变成植物根系的拉应力（郑文宁，2005）。姜志强等（2004）将根系分为深粗根和浅细根两类，认为植物的深粗根自身具有一定的刚度和强度，当其穿过边坡浅层的松散风化层深入坚硬的土层中将会起到锚杆体系的作用。植物的浅细根在坡体浅层错综盘结，根土复合体可视为带预应力的三维加筋材料。根系的分布范围对土壤抗剪强度的增强作用具有明显影响，研究表明根系对土壤抗剪强度的增加量与穿透剪切面的根系横截面呈线性关系。

1.1.3　影响根系形态的因素

植物根系形态一方面由植物本身的遗传特性所决定，另一方面还受到各种环境因素的影响，与其周围环境是相互联系、相互作用的。植物根系的数量、生长方向、分布深度等特征除了受植物种类的影响外，还与其生长的土壤环境有密切关系（熊燕梅 等，2007）。国内外对于影响根系形态分布的因素也进行了广泛深入的研究，会对根系分布形态产生影响的因素有：土壤的理化性质、林木生长的立地条件、气候气象等。已有的研究资料大部分是关于土壤化学性质，特别是一些营养元素、微量元素对农作物根系的影响，还有一些土壤物理性质如土壤水分、土壤容重等对农作物根系的影响研究。

Sheldon 等（2005）通过水培试验研究铜元素毒性对无芒虎尾草（*Chloris gayana*）的生长和根系形态的影响，结果表明铜元素过量将会减少根毛细胞的增值并破坏根系结构。Hirano 等（1998）研究了低 pH 值和铝元素对日本红杉（*Cryptomeria japonica*）树苗的根系形态的影响，结果表明较低的 pH 值和过多含量的铝元素可以增加根的数量，减小根的长度。Cocking 等（1995）对美国弗吉尼亚州陆生维管束植物的根型形态和汞含量的关系进行了研究。Arroo 等（1995）研究了外源生长素对万寿菊（*Tagetes erecta*）毛细根和次生代谢的影响，研究表明外源生长素可以促进侧根形成。Ruehle 等（1985）研究了碳酸铜对松树容器苗根系形态的影响，认为碳酸铜能有效抑制一级侧根的生长，但对苗高、根直径和根鲜重没有显著影响。Aguín 等（2004）研究了菌根接种对 3 种葡萄藤幼苗根系形态的影响，菌根的使用能有效促进一级侧根的生长，并对以后的植株生长起促进作用。Theodorou（1993）研究表明，在不同土壤中的辐射松（新西兰松）（*Pinus radiata*）根系形态、生长以及对氮和磷的吸收具有差异显著。Goodman 等（1999）研究土壤容重对向日葵（*Helianthus annuus*）、玉米（*Zea mays*）根系的形态和锚固力学特性的影响，研究表明紧实的土壤会增加侧根的基部茎粗，增加根系的锚固作用。Wilcox 等（1975）研究了温度对落叶松根系形态的影响，研究表明适宜的温度对根的发育起促进作用。

我国学者对于影响根系形态分布的因素也进行了广泛的研究和讨论。房娟等（2011）研究了铅胁迫对柳树（*Salix babylonica*）根系形态和生理特性的影响，研究表明铅处理能显著抑制柳树的根系伸长，其根表面积、根体积和根平均直径也受到铅的影响。王秀荣等（2004）研究了不同供磷条件下拟南芥（*Arabidopis thaliana*）侧根及根毛的动态生长情况，研究表明适当提高磷浓度对于根系生长有促进作用，过高的磷浓度则抑制根系生长。孙向丽等（2011）采用基质盆栽实验研究了不同水肥供应对丽格海棠（*Begonia* × *hiemalis*）根系形态的影响，提出了丽格海棠的最佳根系形态和生理指标的培养基质配方。高照全等（2006）对不同水分条件下的盆栽桃树（*Prunus persica*）根系分形特征进行了研究，结果表明先干旱后复水会促使根系的分形维数值变大。谢钰容等（2004）研究了低磷胁迫对不同种源马尾松根系形态和干物质分配特征的影响，结果表明不同种源的马尾松对低磷胁迫的响应差异显著，根体积、侧根数、侧根总长、须根总数等可作为筛选马尾松耐低磷种源的有效指标。

马晓东等（2012）研究了不同灌溉处理对多枝柽柳（*Tamarix ramosissima*）幼苗根系形态的影响，结果表明不同灌溉方式对根系形态影响差异显著，侧渗分层灌溉方式有显著促进多枝柽柳幼苗在生长早期快速发育的效果。王晓冬等（2011）研究了干旱胁迫对真桦（*Betula maximowicziana*）根系形态的影响，认为干旱可以增加细根的比例，提高根系总长度、根系表面积。李文娆等（2010）则研究了干旱胁迫对紫花苜蓿（*Medicago sativa*）根系形态的影响，结果表明干旱抑制了主根的生长而促进了侧根的生长。杨喜田等（2009）、鲁少波等（2006）研究认为，根系与其周围环境是相互联系、相互作用的，林木根系的形态、分布除受林木自身的遗传特性影响外，还受大气 CO_2 浓度、土壤的理化性质等因素的影响。王水良等（2010）研究了铝胁迫对马尾松根系形态及活力的影响，研究表明不同程度的铝毒害对马尾松根系形态和活力影响显著，根长、根质量、质膜透性和根系活力可作为马尾松幼苗根系受铝毒害的鉴定指标。何跃军等（2012）研究了水分胁迫和接种丛枝菌根对香樟（*Cinnamomum camphora*）幼苗根系形态特征的影响，认为水分和菌根真菌的交互作用使香樟幼苗根系形态发生改变以适应土壤环境。宋会兴等（2009）研究了土壤水分和接种 VA 菌根对构树（*Broussonetia papyrifera*）根系形态的影响，结果表明 VA 菌根真菌接种和土壤水分状况都使得构树根系的结构产生了显著的变化。

以上研究表明土壤中的物理、化学和生物学特性对根系的生长和发育有重要的影响，而这一影响不仅会影响植物根系的形态特征，而且会更进一步影响根系的力学特性。

1.2　林木根系拉伸特性

根系拉伸力和根系拉拔力是两个不同的概念，同样根系的"抗拉伸"和"抗拉拔"也不同。作者认为，根系抗拉伸指的是在根系的两端施加拉力，直至根系被拉断，此时拉断根系的力称为该根系的抗拉伸力或最大抗拉力；而根系抗拉拔指的是根系埋置在土体中，在根的一端施加一个拉力，将根系从土体中拉出，此时拉出根系的力称为根系的抗拉拔力。对应的位移也相应称为根系的拉伸位移和拉拔位移。根据以上定义可以发现，根系抗拉伸力大小取决于根系材料自身的坚韧情况，而根系抗拉拔力的大小则反映的是根系与土壤界面间的摩擦阻力情况。

植物根系固土性能，一方面由植物根系的形态特征决定，另一方面还取决于植物根系的拉伸力学特性。Wu 等（1988）提出的模型认为，根纤维提高土体抗剪强度主要是通过根土接触面的摩擦把土体中的剪应力转换成根的拉应力来实现的。因此，在研究如何选取林木根系来进行加固土壤和稳定边坡的时候，必须考虑林木根系的抗拉伸力和抗拉拔力。

一般反映植物拉伸特性的指标有：最大拉伸力、拉伸强度、最大拉伸位移、拉伸应力和拉伸应变。影响这些指标的因素有外部环境因素：坡位、生长方向、土层深度、土壤理化性质、树种，以及外部试验控制因素：直径、标距（长度）、加载速率、循环次数。除上述外部因素，还有根系本身的因素，即根系的水分含量、根系的化学组成、根系的组织结构等也会对根系拉伸力学特性产生影响。

Tosi 等（2007）对意大利亚平宁山脉北部的 3 种灌木的抗拉伸强度和边坡稳定性进行了研究，认为根系的抗拉伸力随直径的增加而增加，呈二次多项式关系；根系的抗拉伸强度随直径的增加呈幂函数减小。并发现田间试验拉断根所需的力小于室内试验拉断同样直径的根所需的力，但是这种差异在直径小于 5mm 时可以忽略不计。

Genet 等（2005）对澳大利亚松（*Pinus nigra*）、海岸松（*P. pinaster*）、挪威云杉（*Picea abies*）、欧洲山毛榉（*Fagus sylvatica*）和欧洲栗（*Castanea sativa*）5 种植被鲜根的抗拉伸强度进行测量，研究认为当根系直径大于

1.0mm 时，不同树种根系的抗拉伸强度差异显著，其中抗拉伸强度依次为欧洲山毛榉＞挪威云杉＞欧洲栗＞海岸松＞澳大利亚松，并分别用幂函数拟合出抗拉伸强度与根直径间的关系，发现不同树种的根系抗拉伸强度与直径相关性显著，但是不同树种的拟合方程的系数均不相同。

Bischetti 等（2009）对位于意大利北部山区的 8 个树种的根系进行了研究，分别拟合出单根抗拉伸强度与直径之间的关系，并指出不仅不同树种的抗拉伸强度有显著差别，而且相同树种根的抗拉伸强度也有显著差异。

Operstein 等（2000）对迷迭香（*Rosmarinus officinalis*）、紫花苜蓿、黄连木（*Pistacia chinensis*）和岩蔷薇（*Cistus ladaniferus*）4 种植物鲜根进行了单根拉伸试验，并拟合了 4 种植物根系抗拉伸强度、抗拉力和杨氏模量与根直径间的关系。

日本的野久田稔郎等（1997）的研究也表明，根径和抗拉伸强度之间满足幂函数关系，并建立了同一树种根系的抗拉伸强度和根直径的关系式 $T_r = aDb$。式中，T_r 为抗拉伸强度（MPa）；D 为根系直径（mm）；a，b 为树种系数（李铁军 等，2004）。

中国对于根系拉伸力学特性的研究从 20 世纪 80 年代开始，到现在已取得了大量的研究成果。杨维西等（1988）对黄土高原 9 个水土保持树种的根系抗拉伸力进行了研究，并拟合了不同树种的抗拉伸力和根径之间的关系，研究认为这 9 个树种的根系抗拉伸力差异显著；不同树种根系抗拉伸力随直径的增加呈幂函数关系。

史敏华等（1996）对太行山石灰岩地区的 8 种水土保持植物的根系抗拉伸特性进行了研究，结果表明，抗拉伸力随着根径的增加而迅速增大，且二者呈幂函数相关，不同树种根抗拉伸力差异显著。陈丽华等（2012）对冀北山区的 4 种乔木植物根系的抗拉伸力学特性进行了系统的研究，研究表明：不同树种平均最大抗拉伸力差异显著，白桦根系的平均抗拉伸力最大，蒙古栎次之，油松和落叶松的平均抗拉伸力最小；不同树种根系的抗拉伸力随直径的变化也满足幂函数的关系；不同树种根系的抗拉伸强度差异显著，平均抗拉伸强度的大小为白桦＞蒙古栎＞油松＞落叶松；抗拉伸强度随根系直径的增加而减小，根径与抗拉伸强度之间满足幂函数的变化规律。

朱清科、陈丽华（2002）研究了长江上游贡嘎山森林生态系统中植物的根系拉伸力学特性，结果表明，不同植物的根系抗拉力学特性差异显著。

周跃等（1999）研究了西南地区的云南松（*Pinus yunnanensis*）、华山松（*P. armandy*）和思茅松（*P. khasya* var. *langbinanensis*）根系的侧根抗拉伸强度，结果表明：3 种松树的侧根抗拉强度差异显著，强度值多介于 5 ~ 20MPa 之间，其大小随根直径的增加而减少，3 种松树固土护坡能力的高低顺序大致为思茅松＞云南松＞华山松。

李贺鹏等（2010）通过室内拉伸试验对浙南山区 6 种优势乔木植物根系的力学特性进行了研究，研究表明：不同植物根系具有不同的抗拉伸力与抗拉伸强度，所有植物的单根抗拉伸力都随着直径增加而增大，直径与抗拉伸力间的关系以幂函数拟合效果最好；6 种植物根系的抗拉伸强度随着直径增加而降低，并且所有植物抗拉强度与其直径成幂函数负相关关系。

蒋坤云等（2013）从根系显微结构角度分析了北方常见 3 种阔叶树种白桦、榆树（*Ulmus pumila*）、蒙古栎的根系抗拉伸力学特性与显微结构的关系。研究表明，3 个树种的根系显微结构和其木材的基本相同；木纤维所占根系横截面积的百分比、韧皮部所占根系横截面积的百分比和木纤维的尺寸因素是影响单根的抗拉特性的显微结构因素；木纤维所占根系横截面积的百分比与单根抗拉伸力呈正显著相关，韧皮部所占根系横截面积的百分比与单根抗拉伸强度呈正显著相关；同时单根抗拉伸特性与木纤维的长度、木纤维的长宽比以及壁腔比均呈正相关。

除上面已经讨论过的植物种类和直径以外，还有很多其他的影响因素导致了植物根系抗拉力学特性的差异。如根系保存时间、标距、拉伸速率、疲劳周期、根系完整性等和根系生长的土壤特性、坡向、坡度、生长方向等（Gray，1996）。

周朔（2011）的研究表明，随着采集后根系的保存时间的增加，单根的抗拉伸力和抗拉伸强度会有所下降，不同标距根系的最大抗拉伸力和抗拉伸强度均随着标距的增大而减小，不同拉伸速率下根系的抗拉伸力和抗拉伸强度差异显著，拉伸速率越大，根系的抗拉力和抗拉强度越小，并且根径越粗这种差异越明显。

张超波（2011）对不同标距的油松根系和不同拉伸速率下的白桦根系的抗拉伸强度的试验研究表明，相同拉伸速率下不同标距的油松抗拉伸强度差异显著，随着标距的增加抗拉伸强度呈线性减小规律；相同标距下不同拉伸速率的白桦抗拉伸强度存在差异显著。李晓凤等（2012）对华北落叶松的根系抗拉力学特性的研究表明，根长和去皮与否都对根系的抗拉伸强度有显著的影响，但拉伸速率对根系抗拉伸强度的影响不明显。

吕春娟等（2013）研究了华北典型植被根系抗拉力学特性及其与主要化学成分关系，认为根系抗拉伸力与纤维素含量、半纤维含量、综纤维素含量正相关，与木质素含量、木纤比负相关；根系抗拉伸强度与纤维素含量、半纤维含量、综纤维素含量负相关，与木质素含量、木纤比正相关。此外，吕春娟等（2013）还研究了不同疲劳周期下的油松单根抗拉伸力和抗拉伸强度的变化，研究表明，油松根系 100 次和 1000 次疲劳后的抗拉伸力和抗拉伸强度均大于疲劳前根系单轴抗拉伸力和抗拉伸强度；油松根系轴向循环应力 – 应变滞回曲线表现出明显的周期循环特征。

Stokes（1999）研究风荷载对海岸松根系应变特性的影响，认为长期的风荷载就会改变植物根系的应变特性。Gray（1996）对植物固坡的研究中指出，不同的立地类型和根系生长方向会对植物根系的力学特性造成影响。杨维西等（1990）对采伐后 2 年和 4 年刺槐（*Robinia pseudoacacia*）单根的抗拉伸力研究表明，刺槐根系的抗拉伸力与根径呈幂函数关系，刺槐采伐后根系的单根拉伸力明显减小，其衰减率随着伐后时间的延长而增大，并在伐后前 2 年衰退速率很快，后 2 年略有缓减。

1.3　林木根系与土壤相互作用及其影响因素

上文提到 Wu 等（1988）模型认为，根纤维提高土体的抗剪强度主要是通过根土接触面的摩擦力把土中的剪应力转换成根的拉伸应力来实现的。因此，在研究林木根系的固土作用时，必须考虑林木根系的抗拉伸力和抗拉拔力。下面将介绍林木根系与土壤相互作用及其影响因素的研究成果。

根系整株拉拔是指通过施加垂直荷载将植物整株拔出，并通过传感器测量所施加的荷载大小和过程的一种试验方法。陈丽华等（2004）在四川贡嘎山通过整株拉拔试验对冷杉（*Abies fabri*）、冬瓜杨（*Populus purdomii*）、杜鹃（*Rhododendron simsii*）、糙皮桦（*Betula utilis*）、花楸（*Sorbus pohuashanensis*）、荚蒾（*Viburnum dilatatum*）、卫矛（*Euonymus alatus*）等不同植物的固土效果进行研究，结果表明，树木的根系分布形态是影响根系的垂直抗拉效果的直接因素。其中，杜鹃水平根系发达，拉拔过程中根系整体被拉出，而冬瓜杨由于垂直根系较发达，拉拔过程持续时间较长，冷杉具有垂直和侧向主根，荷载 – 位移（*P–S*）曲线表现出多峰的特征。

李国荣等（2008）采用原位拉拔试验，测定了生长 2 年的柠条锦鸡儿（*Caragana korshinskii*）、四翅滨藜（*Atriplex canescens*）、霸王（*Zygophyllum xanthoxylon*）、白刺（*Nitraria tangutorum*）的抗拔力，分析了 4 种植物的护坡效果，4 种灌木的原位抗拔力大小依次为四翅滨藜＞柠条锦鸡儿＞白刺＞霸王，抗拔力与根径符合幂函数关系，与根系数量符合线性关系，与株高符合指数函数关系。

李绍才等（2006）通过野外原位拉拔试验，选取灌木铁仔（*Myrsine africana*）、黄荆（*Vitex negundo*）、羊蹄甲（*Bauhinia purpurea*）和禾本科金发草（*Pogonatherum paniceum*）等 4 种植物，按着生长点基岩风化程度不同，研究护坡植物根系与岩体相互作用的力学特性。结果表明，在基岩风化程度相近的情况下，抗拔力随地茎、株高及地下生物量的增加而增大，具有很好的指数关系；草本植物金发草生物指标与抗拔力之间无明显的数学关系，与基岩间的力学作用不明显。

李臻等（2011）对西宁盆地的 2 种柠条锦鸡儿和霸王的野外拉拔试验表明，2 种灌木的拔出力均随株高、根长、根径、侧根数的增加而增大，且霸王的拔出力要比同生长期的柠条锦鸡儿的拔出力大。

通过全根系拉拔试验发展出来的根土综合摩擦系数法（解明曙，1990）能够根据公式的各个特征量推导计算出整个根系的抗拉拔力。根据受力平衡原理，根系所受的摩擦力等于根系的抗拉拔力。根系与土壤的界面摩擦力主要分为静摩擦力和滑动摩擦力，当根系的抗拉拔力大于静摩擦力时，根系与土壤就会发生相对滑动（杨永红 等，2007；刘亚斌 等，2017）。

在野外拉拔试验的基础上，近几年通过模拟原来植物根系生长环境的室内拉拔试验研究方法也逐渐流行起来，比起野外拉拔试验，室内试验可以更精确地控制仪器，并可以定量地改变土壤环境和试验控制因素来直接研究不同因素对根土接触面摩擦特性的影响。根系的抗拉拔力是表示根系固持土体能力的重要指标。当根系与土壤的接触面出现滑动面的时候，根系由于受到拉拔力而产生较大的形变，从而将拉拔力传递到更深的稳定土层当中，与此同时根系所受的拉拔力也有一部分会转化成根系所受的摩擦力，从而降低根系拉拔力，这就间接增加了植物根系固持土体的能力（赵亚楠，2006；常婧美 等，2018）。在对根系进行拉拔试验的过程中，根系的抗拉拔力会随着根系直径的增加而增加（刘小光，2013；郑力文 等，2014），且在根系直径增加到一定程度的时候，根系直径对根系抗拉拔力的影响越来越小（肖盛燮 等，2006；郑明新 等，2018）。植物根系的埋深也对根系的抗拉拔能力产生影响，这是因为由于埋深的增加导致根系与土壤的接触面增加，从而使得摩擦阻力增大。而植物根系被拉断的条件为作用在根系上的摩擦阻力大于根系的极限抗拉力（封金财，2005；刘亚斌 等，2018）。

周跃（1999）、张云伟（2002）等则通过侧向牵引法研究了云南松侧根与土壤之间摩擦型根土黏合键的力学作用机制。

2 研究区、试验材料和研究方法

2.1 研究区概况

如绪论中所述影响林木根系力学性能的因素有很多种，除了植物本身因素、试验设定因素等以外，植物生长环境等外部因素同样也会对其力学作用产生影响。故试验的研究区选择了 2 种不同的地貌类型，即黄土区和土石山区。以位于山西吉县的蔡家川流域作为黄土区的代表，以位于河北围场满族蒙古族自治县的北沟林场作为土石山区的代表。

2.1.1 黄土区

作为黄土区典型的蔡家川流域位于黄土高原东南部半干旱、半湿润地区的山西省临汾市吉县境内。

吉县位于黄河中游东岸，山西省西南部，东接临汾、蒲县，西频黄河与陕西省相望，南与乡宁县相连，北与大宁县毗邻。东西长 62km，南北宽 48km，总面积 1777.26km²。地理坐标为东经 110°30′ ~ 110°43′，北纬 36°10′ ~ 36°19′30″。属于黄土高原残塬沟壑区，三面环山，一面滨水，东高西低，海拔从 1820m 的高天山至 450m 的黄河畔，高差大。境内有海拔 1576 ~ 1820m、长 8 ~ 18km 的 5 座大山横穿东部和中部，县境内山峦起伏、沟壑纵横、地形复杂，可分为基岩山区、黄土丘陵区、残垣沟壑区等几种地貌。

吉县境内属暖温带半干旱、半湿润大陆性气候，冬季寒冷干燥，夏季温度较高。年均气温 10.3℃，日均气温 ≥ 10℃年积温为 3357.9℃，极端最高温 38.1℃，极端最低温 –20.4℃。年降水量 575mm，7 ~ 9月的降水量占全年总降水量的 59.46%，多以暴雨形式出现。年水面蒸发量 1732mm，4 ~ 7月蒸发量最大，占全年蒸发量的 54%。相对湿度 7 ~ 10月较高，全年平均相对湿度 61.71%。从多年历史观测看，本地区春季干旱多风，十年九春旱；夏季气温凉爽宜人，降雨集中；秋季多连阴雨，冬季寒冷干燥。无霜期年平均 172.1 天。冬季多西北风，其余季节以东北风居多，年平均风速 2.2m/s。

吉县土壤以褐土为主，呈偏碱性，有机质含量不高，且水土流失严重。海拔较高的山地因植被的覆盖和土壤的改良，有机质含量可达到 4.1% 以上，土壤肥力较高，土壤酸碱性接近中性。研究地区蔡家川流域属于黄土残垣区，森林覆盖率较高，土壤有机质含量较高，土壤为碳酸盐褐土，呈微碱性。

吉县地区植被资源丰富，森林覆盖率达到 70% 以上。植被种类较多，生长良好，常见的木本植物有 190 多种，分属 49 科；主要草本植物约 180 种，分属 44 科（不包括农作物）；其中有 250 余种可作为药材使用。天然次生植被主要有：辽东栎（*Quercus liaotungensis*）、山杨（*Populus davidiana*）、白桦、旱柳（*Salix matsudana*）、榆树、侧柏、白皮松、华北落叶松、沙棘（*Hippophae rhamnoides*）、虎榛子（*Ostryopsis davidiana*）、黄刺玫（*Rosa xanthina*）、丁香（*Syringa oblata*）、忍冬（*Lonicera japonica*）、山茱萸（*Cornus officinalis*）、杠柳（*Periploca sepium*）、山桃（*Prunus davidiana*）、山杏（*Armeniaca sibiriea*）、酸枣（*Ziziphus jujuba* var. *spinosa*）、胡枝子（*Lespedeza bicolor*）、细叶薹草（*Carex rigescens*）、艾蒿（*Artemisia argyi*）、铁杆蒿（*Artemisia sacrorum*）等。人工植被主要有油松、刺槐、山杨、侧柏、榆树、苹果（*Malus pumila*）、山桃、山杏、梨（*Pyrus sorotina*）、山楂（*Crataegus pinnatifida*）、枣（*Ziziphus jujuba*）、火炬树（*Rhus typhina*）、苜蓿（*Medicago sativa*）、草木犀（*Melilotus suaveolens*）等。

研究试验区位于山西省吉县蔡家川流域，该流域属于黄河一级支流昕水河的一级支流义亭河（图 2-1）。流域大体呈西东走向，地理坐标为东经 110°39′45″ ~ 110°40′45″，北纬 36°14′27″ ~ 36°18′23″。海拔 900 ~ 1587m，面积 38km²。蔡家川流域东西狭长，南北剖面呈凹形，地势西高东低，海拔 905m ~ 1593m。流域内地形起伏且变化剧烈，沟壑纵横，分水岭与沟底高差达 101 ~ 153m。流域主沟道东西走向，为常流水河道，支沟从南北两侧汇入主沟，沟道总长约 32.2km，沟壑密度达 0.78km/km²。蔡家川流域内人工营造的水土保持防护林主要有以油松、刺槐、侧柏等树

种形成的纯林及各种类型的混交林。林下有沙棘、胡枝子、三裂绣线菊
（*Spiraea trilobata*）、虎榛子、细叶薹草等植物，荒草坡有艾蒿、铁杆蒿、
沙参（*Adenophora stricta*）、枸杞（*Lycium barbarum*）、毛叶丁香（*Syringa
tomentella*）、黄刺玫、杠柳、酸枣等植物。农作物以玉米、高粱、小麦、
谷类、豆类为主。

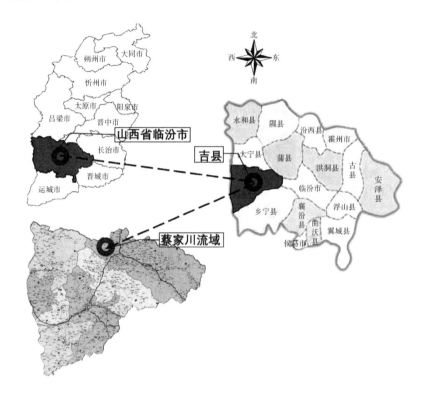

图 2-1　位于黄土区的研究区位置示意图

2.1.2　土石山区

作为土石山区的典型研究区的河北围场满族蒙古族自治县北沟林场，
隶属于河北省木兰国营林场管理局，位于滦河上游的河北省承德市围场满
族蒙古族自治县（以下简称围场县）境内。

围场县地理坐标为北纬 41°35′ ～ 42°40′，东经 116°32′ ～ 118°14′。

东面、北面分别接内蒙古的赤峰市、克什克腾旗，南面、西南面毗邻河北的隆化县和丰宁县。

围场县地处阴山山脉、大兴安岭山脉的尾部向西南延伸和燕山山脉余脉的结合部，地质发展历史和地貌发育形成比较复杂。地质构造属于内蒙古台背斜区，该区山峦起伏、沟壑纵横，为东北高、西南低的阶梯地形，海拔约 750 ~ 1829m。

围场县属于中温带向寒温带过渡、半干旱向半湿润过渡、大陆性季风型高原山地气候。具有水热同季，冬长夏短、四季分明、昼夜温差大的特征。年均气温 –1.4 ~ 4.7℃，极端最高温 38.9℃，极端最低温 –42.9℃，≥ 0℃的年积温 2180℃，无霜期 67 ~ 128 天；年均降水量 380 ~ 560mm，主要集中在 6 ~ 8 月；年均蒸发量 1462.9 ~ 1556.8mm，平均相对湿度 63%。主要的灾害天气为暴雨、霜冻、冰雹等。

据《围场县土壤志》记载，围场县内土壤包括棕壤、褐土、风砂土、草甸土、沼泽土、灰色森林土、黑土等 7 个土类，共 15 个亚类 66 个土属 143 个土种。母质为残坡积母质、坡积母质、黄土母质、洪积母质、冲积母质和风积母质。

围场县的典型性植被为草甸草原、针阔混交林及落叶阔叶林，植物资源丰富。以白桦、杨树、华北落叶松、云杉（*Picea asperata*）和蒙古栎为主要乔木树种；以油松、落叶松、山杨等树种为主的人工林，人工混交林的类型为针阔混交及落叶阔叶林。

作为土石区典型研究区的北沟林场位于围场县中南部，在下伏房乡与半截塔镇境内，场部地处围场县半截塔镇杨树林村，东经 117°27′38″，北纬 40°54′33″（图 2-2）。

北沟林场正好地处阴山山脉、大兴安岭山脉尾端西南延伸部与燕山山脉余脉的相连处，位于七老图岭山西部，地势总体东北高、西南低；海拔 800 ~ 1600m，林场最高峰为色树梁东光顶，海拔 1600m，自然坡度在 1/150 ~ 1/350 之间；有 4 种主要的地貌类型：侵蚀构造地形、构造剥蚀地形、剥蚀堆积地形与河谷阶地形。

北沟林场具有大陆性季风型高原山地的特点，水热同季、四季分明、冬长夏短、昼夜温差大等气候特征。干旱、暴雨、霜冻、冰雹、风、沙暴、低温等为北沟林场主要的灾害天气。

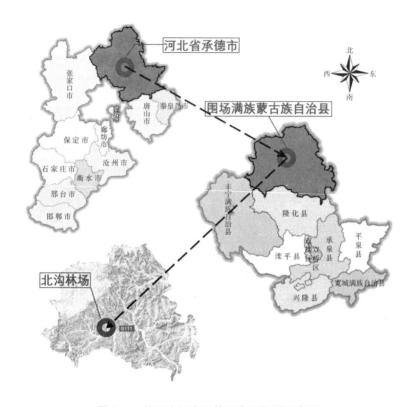

图 2-2　位于土石山区的研究区位置示意图

北沟林场内土壤包括棕壤、褐土、风砂土、草甸土等 7 个土类，试验所选土壤类型为棕壤，且基本以砂壤土为主。

北沟林场拥有十分富饶的植物资源，这一地区的气候多变、地貌类型多样、降水丰沛、土壤肥力高，森林覆盖率达到 88%，因此在华北土石山区中具有典型性和代表性。植物资源主要有菌类、苔藓、蕨类和种子植物等类群：以白桦、杨树、华北落叶松、云杉和蒙古栎为主要乔木树种；以油松、落叶松、山杨等树种为主的人工林；混交类型为针阔混交及落叶阔叶林。

2.2　试验材料

主要研究树种为油松。油松是我国的特有树种，生长于包括黑龙江、吉林、辽宁、河北、河南、山东、山西、内蒙古、陕西、甘肃、宁夏、青海等省区海拔100~2600m的地带，多为纯林。其垂直分布由东到西、由北到南逐渐增高。辽宁、山东、河北、山西、陕西等省均有人工林。油松为喜光、深根性树种，喜干冷气候，在土层深厚、排水良好的酸性、中性土上均能生长良好。

此外，在土石区选取了几个树种作对比研究，分别是白桦、蒙古栎、落叶松，部分试验也涉及到了榆树，其中油松和落叶松是当地分布面积最大的人工林，白桦、蒙古栎和榆树是乡土树种。这些树种的选择对于研究针阔叶树种、人工林与天然林以及外来树种和乡土树种等不同类型树种根系固土的力学机理具有较好的代表性和典型性。

2.2.1 标准木的选取

选取标准木遵循的原则：树冠不受遮蔽，长势良好，树干通直，冠幅适中，树皮光滑，无病虫害且四周无缺株。通过对研究区内油松人工林的调查，分别在山西省吉县蔡家川流域人工油松林区的阴坡油松林和北沟林场北沟作业区的阴坡油松林的样地内各选取4株标准木测量其树龄、树高、胸径和冠幅等指标后，去掉地上部分，对根系进行挖掘，进行根系的分布调查和相关的力学实验。标准木基本情况记录见表2-1。

表2-1 油松生长状况

编号	树龄 （a）	树高 （m）	胸径 （cm）	冠幅（南北/东西） （m）
I	6	2.45	2.20	1.08/1.15
II	14	4.56	6.80	2.60/2.95
III	20	5.74	12.20	3.30/3.10
IV	27	6.48	15.30	4.34/4.66
V	5	1.55	2.30	0.50/0.60
VI	10	4.50	5.40	1.60/1.80
VII	15	6.50	10.00	2.40/3.60
VIII	20	8.70	16.10	5.20/5.60

注：I~Ⅳ取自黄土区；V~Ⅷ取自土石区。

2.2.2 根系形态调查

从 18 世纪开始根系的系统研究以来，各国根系研究者根据不同的研究对象（作物、林木等）和研究目的（根系分布、根量、根长变化等）发展了许多研究方法，概括起来主要有：挖掘法、整段标本法、土钻法或钻土芯法、剖面法或剖面壁法、玻璃壁法、间接法、容器法，还有一些其他方法如同位素法等。

为了全面、准确地研究油松根系形态分布特点，试验数据全部取自根系全剖面挖掘法（图 2-3）。具体方法是选定标准木并完成每木检尺后，去掉地上部分，以根基处为三维坐标系原点，将每株样本树以正北方向为 y 轴正方向，以正东方向为 x 轴正方向，建立直角坐标系，以坐标轴左上方为第一象限，按顺时针方向编号分为 4 个象限。从第一象限开始，按逆时针方向沿根基处逐圈逐层向外挖掘，测量并记录每段根系每 10cm 间隔的根径变化以及根系的起点坐标，如遇拐弯或分叉处则进行二次重新编号，测量其起点坐标、终点坐标及根径变化。为了保证尽可能地获得原位根系的准确信息，需边挖掘边测量。

图 2-3 全剖面挖掘法林木根系分布调查

2.2.3 根系材料的采集及标准化处理

由于根系形态的不规则性，因此在材料选取时要尽量保证形态上的一致性，采集根系要尽量选择生长正常、无病虫害、茎干通直均匀的林木新鲜根系，采根过程中尽量防止对根系的机械损伤。选出的根系用游标卡尺逐一量测、分级。另外，由于本试验还涉及群根的拉拔摩擦试验，采集林木根系过程中还需要采集带有分叉的林木根系。一般而言，根系在离体后力学特性会伴随着含水量的变化而变化，故为减少水分变化的影响，将取好的根样用密封袋保存，送往实验室冷藏保存在4℃环境下，并尽量在较短的时间内进行试验。

用来进行拉拔试验的根系需对从野外采集的根系样本进行试验标准化处理。

对于单根试验样本（图2-4a）处理主要为：①控制单根样本总长为500mm；②根据试验分组需要，确定埋深为50mm，100mm，150mm时的埋置点位置，并用油漆标涂；③在根系埋置点以下的部分均匀选取A、B、C 3个点，用游标卡尺测量3个点的根系直径，将3个点根系直径平均得到单根平均直径。

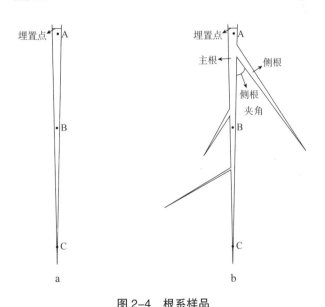

图2-4 根系样品

a. 单根的根系样品　b. 含侧根的根系样品

对于群根根系样本（图 2-4b）的处理主要为：①控制主根总长为 300mm，且侧根皆在主根埋深部分范围内；②设置主根的埋深为 150mm，并在埋置点位置用油漆标涂；③在主根埋置点以下的部分均匀选取 3 个点，用游标卡尺测量 3 个点的根系直径，将 3 个点根系直径平均得到主根平均直径；④控制侧根长皆为 80mm；⑤在侧根部分均匀选取 3 个点，用游标卡尺测量 3 个点的根系直径，将 3 个点根系直径平均得到侧根平均直径；⑥用量角器测量侧根与主根的夹角。

2.2.4　土壤材料的采集

在取根的同时，分层采集各土层的土壤样品，带回实验室分析其理化性质，并用环刀取样用于测定土壤容重和含水量。具体操作：首先将表层 50mm 的土壤挖除，这部分土壤基本无根系分布。然后在有根系分布的深度范围内取土，保证所采集的试验土壤与试验根系样本在垂直尺度分布范围内一致，并排除表层含水量变化较大的影响。现场用环刀法测定原状土壤密度后，将部分土壤装入密封袋，带回实验室用烘干法测树木根系生长原环境的土壤含水率，用环刀法测根系周围土壤容重，用 Bettersize2000 激光粒度分析仪分析土壤粒径。

经现场测定山西蔡家川流域根系取样处的土壤含水量为 15.18%，根系周围土体容重为 1.68g/cm³；河北北沟林场根系取样处的土壤含水量为 12.72%，根系周围土体容重为 1.52g/cm³。两个试验地的其他基本物理性质见表 2-2 和表 2-3。

表 2-2　黄土区试验地土壤物理性质基本情况

土层深度（cm）	土壤含水量（%）	毛管孔隙度（%）	非毛管孔隙度（%）	总毛管孔隙度（%）	土壤容重（g/cm³）
0 ~ 20	13.82	42.69	11.01	53.70	1.24
20 ~ 40	14.42	44.34	6.59	50.93	1.33
40 ~ 60	15.94	44.65	5.64	49.65	1.39
> 60	16.21	43.95	3.30	47.25	1.48

表 2-3　土石区试验地土壤物理性质基本情况

土层深度 （cm）	土壤含水量 （%）	毛管孔隙度 （%）	非毛管孔隙 度（%）	总毛管孔隙 度（%）	土壤容重 （g/cm³）
0 ~ 20	12.35	36.82	11.11	47.93	1.09
20 ~ 40	14.63	40.27	6.84	47.11	1.14
40 ~ 60	17.21	36.01	5.51	41.52	1.25
> 60	19.06	35.68	9.25	44.93	1.27

2.3　研究方法

2.3.1　试验仪器

2.3.1.1　室内根系拉伸试验仪器

本试验采用微机控制电子式万能试验机（图 2-5）。仪器最大试验力为 100kN，全程自动换挡，速度范围 0.001~500mm/min，无级调速，试验力及位移准确度 ±0.5%，详细参数见表 2-4。根系拉伸试验目前还未有相应的国家标准，本研究的试验主要参考国家标准《木材物理力学试验方法总则（GB/T 1928—2009）》。

图 2-5　微机控制万能试验机

表2-4 万能试验机功能及参数

仪器功能	参考指数
仪器名称	微机控制电子式万能试验机
最大试验力	100kN
试验力准确度	±0.5%
试验力分辨力	0.001% FN
变形测量范围	2%~100%
变形测量准确度	测量范围内，相对误差 ±0.5%
位移分辨力	0.001mm
位移测量准确度	±0.5%
速度范围	0.001 ~500mm/min
速度准确度	±0.5%
最大拉伸行程	600mm
最大压缩行程	600mm
试验空间宽度	600mm
横梁最大行程	1100mm
外形尺寸（宽 × 深 × 高）	1010mm × 750mm × 2210mm
主机重量	1100kg

2.3.1.2 室内根系拉拔试验仪器

试验采用北京林业大学植被力学实验室自主研发的根系拉拔试验机，仪器分为4个部分：试件盒、特制铁锤、数据采集仪、数据处理控制终端（图2-6，图2-7）。试件盒是一个立方铁盒，尺寸为200mm×200mm×200mm，铁盒的6个面中，有1个面为露空面，4个面为固定面，还有1个面为可拆卸面。在可拆卸面的中间开出长42mm、宽11mm的缝隙用于放置试验根系，根系通过该孔放置进试件盒中，并用配制好水分含量的试验土壤埋置。试验盒

图2-6 试件盒与铁锤

配套有一个特质的铁锤，用来锤击试验土壤，使土壤密度到达试验目标土壤密度，铁锤是由中心直径 20mm、长 500mm 的钢管，焊接到钢管上的 195mm×195mm 钢板以及套在钢管上的钢锤所组成（图 2-6），配套的钢锤有 2 个，质量分别为 2kg 和 4kg。使用方法为将套在钢管上的钢锤提升到一定到高度，使其做自由落体运动来砸击土壤。

 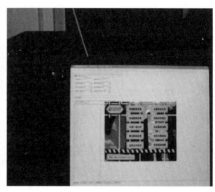

a   b

图 2-7　根系拉拔试验设备

a. 根系拉拔试验机　b. 数据处理与控制界面

试验机通过驱动可以在横梁平行移动的夹根器来提供将根系从土壤中拔出的荷载，同时横梁与荷载传感器连接，荷载传感器与夹根器连接。试验中所使用的位移传感器和荷载传感器技术规格为 500N，0~5V；位移传感器技术规格为量程 1500mm，0~5V。

根系拉拔试验机的技术规格为：最大推力 10kN（1 kHz / 48 VDC / 4 Nm）；定位精度 ±0.05，重复定位精度 ±0.03；加载横梁移动速度 $V=$ 0.01~5 mm/s（1 kHz）。

2.3.2　试验方法

2.3.2.1　根系拉伸实验

（1）测量直径。选取表皮完好，通直且直径变化不大的根系，分别在根系的上、中、下 3 个部位，用游标卡尺测量根系直径，取其均值为此根段的直径。

（2）固定根系。将万能试验机的标距调整到试验设定值，先将根系上端伸入夹头中，拧紧夹头将根段固定，再将根系捋直后固定下端夹头，务必要使根系和水平面保持垂直。

（3）根系拉伸与数据记录。启动拉伸程序，下端夹头将按照预先设定的参数向下行走，将根系拉断。根系断裂后，以单根在夹头中部或接近中部处破坏时的数据为有效，来保证根系的断裂是由于拉力引起的而不是由于其他因素导致的。同时，数据采集器会在根系拉伸的过程中，记录通过传感器获取的数据，包括最大拉伸力、抗拉伸强度、应力 – 应变曲线、荷载 – 位移曲线等，以获取根的各项基本力学性能指标。

根系抗拉伸数据的计算方法：

$$P = \frac{4F_{\max}}{\pi D^2} \tag{2-1}$$

$$\sigma = \frac{4F}{\pi D^2} \tag{2-2}$$

$$\varepsilon = \frac{\Delta L}{L} \tag{2-3}$$

$$\overline{F} = \frac{\sum F_{i\max}}{n} \tag{2-4}$$

$$\overline{P} = \frac{\sum P_i}{n} \tag{2-5}$$

式中：P 为根系极限抗拉强度，MPa；$F_{\max}$ 为根系断裂时拉力，N；F 为实时拉力，N；σ 为实时应力，MPa；ε 为延伸率即应变，ΔL 为根系拉伸时的伸长量，mm；L 为根系原始长度，即标距，mm；D 为根系直径，mm；$\overline{F}$ 为根系平均抗拉力，N；$\overline{P}$ 为根系平均抗拉强度，MPa；n 为所测径级的根系个数。

根系平均抗拉力和抗拉强度以所测该径级的所有根系平均后，再计算所有径级的平均抗拉力和抗拉强度的平均值。

2.3.2.2　根系拉拔实验

（1）土样制备。根据试验设计确定的土壤含水率对试验土壤含水率进行调整达到试验设计要求，并根据设计的土体干密度确定一个试件所需的土壤量称重备用。根据试验设计挑选根系，确定长度准备好备用。

（2）试样制备。把准备好的土壤分成 5 份，依次装入试件盒，分 5 层分别锤击，此时试件盒镂空面朝上，预留插根孔呈竖直状态。根据设定的土壤含水量不同和干密度不同，锤击次数也不同。要对锤击面进行凿毛，再装入下一层土壤，以让各层土壤能很好结合在一起。埋入根系，在完成第二层土壤锤击后，把第二层土壤锤击面凿毛，装入第三层土壤的一半，在试件盒里铺匀，按照设定的埋深把林木根系穿过钢板的预留孔放到土壤里加入第三层另一半土壤，按设定锤击次数锤击，这时根系应基本处于试件盒的中部。然后继续第四层和第五层锤击。去掉有孔的钢板，此时得到设定的根系埋深、土壤含水率和土体干密度的试件。

（3）试件安装。将试件放置于试件台上固定好，用特制夹头把根系夹紧，注意在拧紧高强螺栓的过程中不能过紧，否则会使根系被夹头夹坏从而影响试验结果，也不能过松，否则在拉拔过程中根系会与夹头产生相对滑移从而导致试验失败。将根系拉拔试验机打开，降下试验装置横梁。将位移采集仪在试件两边竖直放置，使位移采集仪处于受压缩的弹性状态，以便在根系被拉拔的时候位移采集仪能够自由释放探针采集位移数据。

（4）根系拔出。设置根系拉拔试验机端控参数，打开根系拉拔试验机端控软件，根据试验所需加载速率设置相应的速度参数，根据试验设计的根系埋深设置相应的距离参数。启动试验装置，采集相关数据。根系被拉断或者被拔出，一定时间后试验自动停止，关闭试验装置。

（5）试样拆卸。试验结束后卸下试样，清理仪器，准备下次试验。

此外，还需要对根土拉拔摩擦试验的土壤进行处理，主要是对野外采集的试验土壤的水分进行重新配比调整，使其能达到根系生长原环境的土壤含水率或达到试验目标含水率。具体方法是在每次试验开始之前用烘干法测量待试验土壤的含水率，通过公式计算得出所需要加入水的质量，用量筒量出所需的水倒入试验土壤中拌匀并装入泡沫箱中封好，以防止水分蒸发流失。具体的调整土壤含水率所需水的计算公式如下：

$$m_{\mathrm{w}} = \frac{m_0}{1+\omega_0}(\omega_1 - \omega_0) \qquad (2-6)$$

式中：m_{w} 为所需要水的质量，g；m_0 为待配比含水率土壤质量，g；ω_0 为待配比含水率土壤的原含水率；ω_1 为设计含水率。

2.3.3 试验设计

2.3.3.1 单根拉伸试验设计

拉伸试验的目的是为了与后面根土之间的拉拔摩擦试验结果进行对比，所以在进行试验设计时试验变量的确定是与后面拉拔摩擦试验变量设计同步进行的。故在众多影响根系拉伸的因素中选择了根系直径、根系长度、土壤含水量、土体容重和加载速度等作为试验控制因素（表2-5）。选取的林木根系直径范围为1.0~5.0mm，对同一坡向的不同土层深度的林木根系以相同的标距和拉伸速率进行试验，目的是探讨土层深度对林木根系抗拉特性的影响，同时对不同土层深度的土壤物理特性与根系抗拉伸特性的关系进行分析；同一坡向的林木根系以相同的拉伸速率，在不同的标距下进行试验，以探讨标距对油松根系抗拉特性的影响；对同一坡向的林木根系，以相同的标距，在不同的拉伸速率下进行试验，以探讨拉伸速率对林木根系抗拉特性的影响。本研究中以林木根系被成功拉断过程中的最大值作为此段根系的最大抗拉伸力。

表2-5　不同因素对林木根系拉伸特性影响的试验设计

影响因素	有效数量（个）	标距（mm）	拉伸速率（mm/min）
土层深度	224	100	10
土壤特性	224	100	10
标距	140	50, 100, 150, 200, 250, 300	10
拉伸速率	104	100	10, 50, 100
树种	327	100	10

2.3.3.2 单根拉拔摩擦试验设计

在进行单根拉拔摩擦试验之前，先要进行砸土预试验。预试验的目的针对不同的土壤干密度确定回填土层数量、锤击次数等。

黄土区油松单根拉拔摩擦试验在不同根系径级下设置了4种不同的试验条件：根系埋置深度，根系拉拔加载速度，土壤含水率，土体干密度。试验分组的具体信息见表2-6。

表 2-6 单根拉拔摩擦试验分组信息

组标号	试验条件					
	L_d (mm)	V (mm/s)	W_s	ρ_s (g/cm^3)	D_{min} (mm)	D_{max} (mm)
A	50	0.2	0.1518	1.46	1.57	9.76
B	100	0.2	0.1518	1.46	1.62	9.82
C	150	0.2	0.1518	1.46	1.90	10.50
D	150	2.0	0.1518	1.46	1.64	9.23
E	150	4.5	0.1518	1.46	1.37	9.23
F	150	0.2	0.1318	1.46	1.26	9.60
G	150	0.2	0.1718	1.46	1.88	9.50
H	150	0.2	0.1518	1.38	1.26	9.64
I	150	0.2	0.1518	1.56	1.76	9.42

注：L_d——根系埋置深度；V——加载速度；W_s——土壤含水率；ρ_s——土体干密度；D_{min}——最小直径；D_{max}——最大直径。

2.3.3.3 群根拉拔摩擦试验设计

在进行群根拉拔摩擦试验之前，先要进行单根重复拉拔摩擦试验。单根重复拉拔摩擦试验一共分为 9 组，每组 3 个试验样本，总共 27 个样本。这 9 组试验样本，每组重复试验 2 次，每一组对应一个根系直径范围，从最小 1.5~2.5mm 直径范围，到最大 9.5~10.5mm 直径范围，这样能保证在 1.5~10.5mm 范围内群根拉拔摩擦试验结果得出来的规律在这个范围内是可靠的。

本研究在进行群根拉拔摩擦试验时，通常进行 2 次拉拔摩擦试验。第一次拉拔摩擦试验是将试验标准化处理过的群根埋入试件盒中进行试验。第二次拉拔摩擦试验是在第一次试验之后的短时间内，将拔出来的根系样本进行侧根剪除处理，剪除全部侧根后的样本就变成了标准的单根，并在与第一次拉拔摩擦试验相同的试验条件下进行第二次试验。对单根重复拉拔摩擦试验 2 次结果进行对比，若这 2 次试验结果相近，则可认为单根在短时间内重复拉拔摩擦特性没有发生变化，由此可以剔除在群根拉拔中主根对结果的影响，即将群根第一次拉拔摩擦试验的结果减去第二次拉拔摩擦试验的结果得出来的是侧根的锚固摩擦力；若单根重复拉拔的 2 次结果有一定的差别，但 2 次结果存在一定联系，则可通过对试验结果的比较，分析计算出一个函数，来将 2 个结果联系起来；若单根重复拉拔的 2 次结果差别很大且相互无关联，则需要重新设计多分叉根的试验方案。

假设单根重复拉拔摩擦试验的结果能满足群根试验设计的需要，则可以比较多级侧根的直径之和、侧根与主根角度之和这两个因素对侧根锚固摩擦力的影响。

2.3.4 试验数据处理与分析

本研究中数据的处理和分析主要采用 SPSS 18.0（SPSS, Chicago, IL, USA）进行。采用的数据处理和分析的方法主要有原始数据的正态性检验、相关因子的回归分析、协方差分析和相关性分析（显著性水平 0.05）。

在数据分析前先对原始数据进行 Kolmogorov–Smirnov 检验（即 K–S 检验），以确保试验数据满足正态分布，如不满足正态分布，则要对数据进行对数转化。不同土层深度的抗拉力和抗拉强度差异性用协方差进行分析，根系直径作为协变量。对全部根系的抗拉强度与根径的关系采用相关性分析。对同一土层深度的抗拉力、抗拉强度与根径的关系采用回归分析。对相同土层深度、不同根径和不同土层相同根径的应力 – 应变关系也采用回归分析。

2.3.4.1 正态检验

为保证分析的科学性和准确性，在进行数据分析之前先对原始数据进行 K–S 检验，以确保试验数据满足正态分布，如不满足正态分布，则要对数据进行对数转化。K–S 检验是以俄罗斯数学家柯尔莫哥和斯米诺夫命名的用于判断来自总体的样本是否服从某一理论分布的一种非参数检验方法。

单样本的 K–S 检验的基本思路：首先，在零假设成立的前提下，计算各样本观测值在理论分布中出现的理论累计概率值 $F_{(x)}$；其次，计算各样本观测值的实际累计概率值 $S_{(x)}$；计算实际累计概率值与理论累计值的差 $D_{(x)}$；最后，计算差值序列中的最大绝对差值，即 $D=\max |S(x_i)-F(x_i)|$。

D 统计量也称为 K–S 统计量。在小样本下，当零假设成立时，D 统计服从 Kolmogorov 分布。在大样本下，当零假设成立时，$\sqrt{n}\,D$ 近似服从 $K(x)$ 分布。当 $D<0$ 时，$K(x)$ 为 0；当 $D>0$ 时，$K(x)=\sum_{j=1}^{\infty}\left(-1\right)^{i-1}\exp-2j^2x^2$。

如果 D 统计量的概率 p 值小于显著性水平 α，则应拒绝零假设，认为样本来自的总体与指定的分布有显著差异；如果 D 统计量的概率 p 值大于显著性水平 α，则不能拒绝零假设，认为样本来自的总体与指定的分布无显著差异。

2.3.4.2 相关性分析和回归分析

相关分析和回归分析都是分析客观事物之间关系的数量分析方法。相关性可以通过绘制散点图和计算相关系数来表达，当研究一种影响因素对某一结果的直接影响时，采用直接相关分析；当某一结果受多个因素影响时，采用偏相关分析，以剔除相互影响的因素之间的协同作用。回归分析则是用于分析事物之间的统计关系，通常采用函数拟合的方式得到回归方程和回归曲线。本研究中的抗拉力和抗拉强度等随影响因素的变化规律，以及应力 – 应变曲线均采用回归方式进行分析。

2.3.4.3 方差分析

方差分析是从观察变量的方差入手，研究控制变量对观察变量影响程度的一种分析方法。其中单因素方差分析用来研究一个控制变量的不同水平是否对观测变量产生显著影响。协方差分析则是在分析观测变量的变差时，考虑协变量的影响，将那些很难人为控制的因素作为协变量，并在排除协变量对观测变量影响的前提下，分析控制变量对观测变量的作用，从而更加准确地对控制因素进行评价。本研究中油松根径是影响根系抗拉伸力和抗拉伸强度的最直接因素，任何外在因素都不会超过根径对根系抗拉特性的影响，所以在分析影响因素对油松抗拉特性的影响规律时，协方差被多次使用，把直径作为协变量，以剔除直径对抗拉特性的影响，从而获得其他影响因素对根系抗拉力和抗拉强度的影响机制，并通过多重比较获取不同处理之间相互的差异性是否显著。

3 根系形态与分布特征

根系的形态最终决定其应力分布的方式（Coutts，1983）。同时，根系的不同分布方式对根系与土壤间的摩擦性能也会产生一定的影响。因此，根系形态的研究是根系固土作用的重要研究内容之一。

3.1 根形特征

3.1.1 根形分布

无论是在黄土区还是土石山区，现场油松根系调查的结果均表明，油松的主根和副主根比较发达，根系的骨架结构主要是由主根和水平根组合构成，属于垂直根型树种。将不同胸径的油松样树的主根按长度分成 10 等份，计算出每一等分处的平均根幅宽度，结果如图 3-1 所示。

从图 3-1 可知，不同胸径的油松根系结构大致相同，表现为随着深度增加在垂直面上呈圆锥体结构，但其根幅宽度存在差异。平均根幅宽度随油松胸径的增加而增大。其中，黄土区的 4 株标准木中胸径 2.2cm 的油松根系的平均根幅宽度最小为 0.03m，胸径 15.3cm 的油松根系的平均根幅宽度最大为 4.95m。而土石山区的 4 株标准木中胸径 2.3cm 的油松根系的平均根幅宽度最小为 0.3m，胸径 16.1cm 的油松根系的平均根幅宽度最大为 5.2m。但两个研究区的平均根幅宽度的最大值均分布在相对根深度的 20%~40% 之间，处于整个根系深度的中上部。两个研究区另一个共同规律是胸径较小的油松根系的根幅宽度变化比胸径较大的变化缓慢，随着胸径的增加，平均根幅宽度变化明显。主要原因是树龄较小时，油松根系发育不完全，主要集中在土壤上层，而上层土壤的理化性质和养分状况均能满足根系生长的条件；随着根系的生长，根系到达土层的中下部时，土壤的物理性质较上层变差，这将抑制下层根系的分枝和生长，也是导致油松根系的平均根幅宽度主要分布在土层中上部的原因。

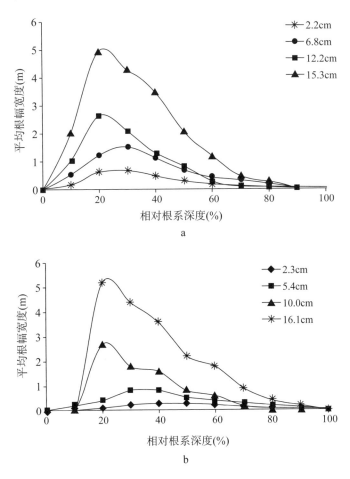

图 3-1 不同胸径油松根系的根形分布

a. 黄土山区 b. 土石山区

3.1.2 主根长度与胸径和树高的关系

不同胸径的油松主根长度与树高的关系如图 3-2 所示，两个研究区油松的主根长度和树高相关性显著，呈指数函数关系，树高越高，主根长度越长，并且增长的倍数随着胸径的增加而不断减缓。黄土区胸径 2.2cm 的油松树高是主根长度的倍数最大为 6.81 倍，胸径 15.3cm 的油松树高是主根长度的倍数最小为 3.47 倍，胸径 6.8cm 和 12.2cm 的树高分别为主根长度的 5.85 倍和 4.07 倍。而土石区胸径 2.3cm 的油松树高是主根长度的倍数最小为 5.17 倍，胸径 5.4cm 的油松树高是主根长度的倍数最大为 10 倍，胸径 10.0cm 和 16.1cm 的树高分别为主根长度的 7.65 倍和 7.25 倍。说明在油松幼龄阶段，地上部分生长较快，但是生物量较小，浅层的油松根系能够维持树木正常生长，所以树高与主根长度比迅速变大；随着林龄的增加，生物量增速加快，浅层根系不能维持林木正常生长时，便向下加速生长，同时地上部分垂直生长变缓，所以树高与主根长度比变小。

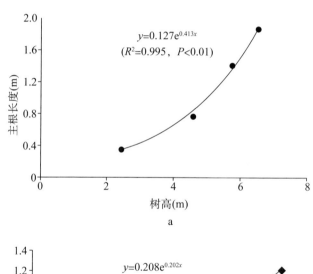

a

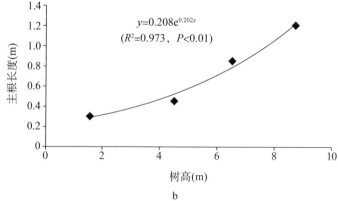

b

图 3-2 油松主根长度随树高的变化

a. 黄土区　b. 土石区

油松主根长度与胸径的关系如图 3-3 所示，油松主根长度与胸径相关性显著。黄土区的主根长度与胸径间呈指数函数关系（$y = 0.297e^{0.124x}$，$R^2 = 0.983$，$P < 0.01$）。其中，胸径 2.2cm 的油松主根长度最小为 0.36m，胸径 15.3cm 的油松主根长度最长为 1.87m。而土石区油松的主根长度随胸径以线性函数增长（$y = 0.067x + 0.130$，$R^2 = 0.990$，$P < 0.01$）。其中，胸径 2.3cm 的油松主根长度最小为 0.3m，胸径 16.1cm 的油松主根长度最长为 1.2m。说明在无竞争状态下正常生长的油松随着林龄的增长，油松的直径增长，油松的主根长度也在增长。

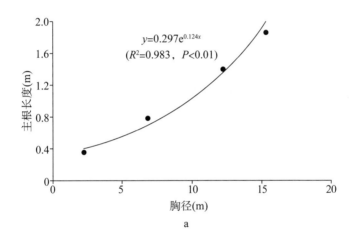

a

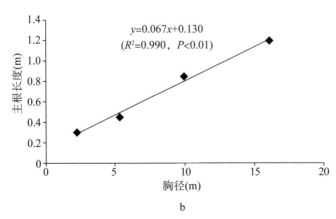

b

图 3-3　油松主根长度随胸径的变化

a. 黄土区　b. 土石区

3.2 侧根分布规律

3.2.1 侧根数量分布规律

对不同胸径的油松样树侧根数量、长度、倾斜角度及其在 4 个象限上的分布进行测量和统计。通过统计各个象限的侧根数量，得到不同胸径的油松侧根方位分布状态（表 3–1、表 3–2）。表中所列的 χ^2 值为通过假定：χ^2=(实测值 – 理论值)^2/ 理论值计算所得。假定各侧根在每个方位上均匀分布，在各象限出现侧根数的概率即为理论频数 (其值为 25)。根据 χ^2 分布表，在每个方位上如果 $\chi^2 > \chi^2_{0.05}$=3.841 时，则认为差异显著；若总体 $\chi^2(3) > 7.815$ 时，则认为侧根在各方位上的分布是不均匀的。由表 3–1、表 3–2 可知，不同胸径的油松侧根在各象限上均有 $\chi^2 < \chi^2_{0.05}$，说明侧根分布在各个方位上差异不显著，即在各个方向上符合均匀分布；从不同胸径的侧根分布的总体来看，均有 $\chi^2(3) < 7.815$，即侧根总体上在各方向上也符合均匀分布。这可能是由于所选的植株为不受竞争和压迫的孤立木，根系的生长不会受到周围树木的影响，且土壤内无较大的石块，根系往各方向上生长状况差异不大，使得侧根呈现均匀分布的状态，并主要由树木本身的遗传特性所决定的。

表 3–1 黄土区不同胸径的油松侧根在各方位上分布的 χ^2 检验

胸径（cm）	指标	方位				总计
		第一象限	第二象限	第三象限	第四象限	
2.2	侧根数量（根）	4	3	2	3	12
	相对数量	33.33	25.00	16.67	25.00	100
	χ^2	2.78	0.00	2.78	0.00	5.56
6.8	侧根数量（根）	5	7	5	4	21
	相对数量	23.81	33.33	23.81	19.05	100
	χ^2	0.06	2.78	0.06	1.42	4.32
12.2	侧根数量（根）	12	12	9	14	47
	相对数量	25.53	25.53	19.15	29.79	100
	χ^2	0.01	0.01	1.37	0.92	2.31
15.3	侧根数量（根）	22	22	21	27	92
	相对数量	23.91	23.91	22.83	29.35	100
	χ^2	0.05	0.05	0.19	0.76	1.05

表 3-2 土石区不同胸径的油松侧根在各方位上分布的 χ^2 检验

胸径（cm）	指标	方位				总计
		第一象限	第二象限	第三象限	第四象限	
2.3	侧根数量（根）	6	4	5	4	19
	相对数量	31.58	21.05	26.32	21.05	100
	χ^2	1.73	0.62	0.07	0.62	3.04
5.4	侧根数量（根）	8	6	7	5	26
	相对数量	30.77	23.08	26.92	19.23	100
	χ^2	1.33	0.15	0.15	1.33	2.96
10.0	侧根数量（根）	10	6	9	7	32
	相对数量	31.25	18.75	28.13	21.88	100
	χ^2	1.56	1.56	0.39	0.39	3.90
16.1	侧根数量（根）	17	14	19	15	65
	相对数量	26.56	21.88	29.69	23.44	100
	χ^2	0.10	0.39	0.88	0.10	1.47

此外，侧根数量随着胸径的增大而增加，黄土区胸径 2.2cm 的 6 年生油松的侧根数量为 12 根，而胸径 15.3cm 的 27 年生油松的侧根数量为 92 根，侧根数量随胸径的变化规律如图 3-4a 所示。土石区的胸径 2.3cm 的 5 年生油松的侧根数量为 19 根，而胸径 16.1cm 的 25 年生油松的侧根数量为 65 根，侧根数量随胸径的变化规律如图 3-4b 所示。两个研究区的结果均表明侧根数量与直径的相关性显著，并以指数函数的规律增长。结果说明随着树龄的增长，油松产生更多的侧根，油松根系有较强的占据空间的能力。

3.2.2 侧根倾角分布规律

为了便于比较不同胸径的油松侧根倾角分布差异，以相差 5° 为一区间进行统计，结果如图 3-5 所示。由图 3-5 可知，土石区不同胸径的油松侧根倾角分布主要集中在 90°~110° 之间，各区间内侧根的数量随着树龄的增大而增加。其中，胸径 16.1cm 的油松侧根倾角在各区间内均有分布，胸径 2.3cm 的油松侧根倾角分布在 80°~110° 之间，胸径 5.4cm 的油松侧根倾角分布在 85~115° 之间，胸径为 10.0cm 的油松侧根倾角分布在 85°~120° 之间。

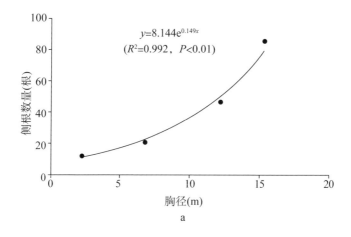

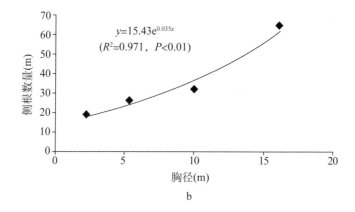

图 3-4 油松侧根数量随胸径的变化

a. 黄土区 b. 土石区

以上结果说明，当树木林龄较小时侧根生长受土壤环境影响较小，以近似水平的方式生长，随着林龄的增大，侧根倾角有逐渐变大的趋势，这可能是由于受到了土壤环境差异和根系自身重力等因素的影响。

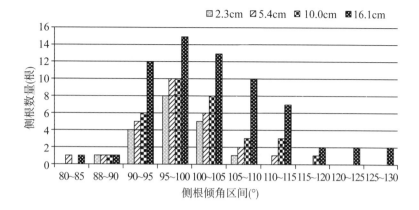

图 3-5 土石区不同胸径油松侧根倾角分布

3.2.3 侧根长度和生物量分布规律

根系生物量是试验期内单位面积上根系现存量的总重量，该值从一定程度上反映了根系的分布和生长状况，进而对根系与土壤之间的摩擦性能产生影响。

将不同胸径的油松按主根长度百分比分为 4 层，调查每一层次的侧根累计长度和生物量，调查和统计结果如图 3-6、图 3-7 所示。

从图 3-6 中可以看出不同胸径的油松侧根在每一层的累计长度差异显著，这在两个研究区是共同的。黄土区在第一层中胸径 15.3cm 的油松侧根累计长度最长为 153.37m，胸径 12.2cm 的侧根累计长度次之为 43.44m，胸径 6.8cm 的侧根累计积长度则为 11.79m，胸径 2.2m 的侧根累计长度最小为 2.95m；第二层中不同胸径的油松侧根累计长度的变化规律与第一层相同，其累计长度分别为 40.39m、18.64m、5.34m 和 1.24m；第三层和第四层中不同胸径的油松侧根累计长度分布规律与前两层的都不相同，两层中胸径 2.2cm 的油松和胸径 6.8cm 的油松有较少量的侧根分布，而胸径 12.2cm 和胸径 15.3cm 的油松只有极少量或几乎无侧根分布，第四层中的累计长度分别仅为 0.1m 和 0.2m。每层侧根累计长度分别占总侧根累计长度的 78.87%、69.46%、57.21% 和 50.08%。土石区在第一层中胸径 16.1cm 的油松侧根累计长度最长为 50.4m，胸径 10.0cm 的油松在第一层的侧根累计长度次之为 18.4m，胸径 5.4cm 的油松在第一层的侧根累计长度为 4.72m，胸径 2.3m 的油松第一层侧根累计长度最小为 1.81m；第二层中不同胸径的油松侧根累计长度的变化规律与第一层相同，其数值分别为 7.53m、3.86m、2.35m 和 0.94m；第三层中的油松侧根累计长度分布规律也与第一层相同，其数值分别为 2.36m、1.22m、0.56m 和 0.31m；第四层中

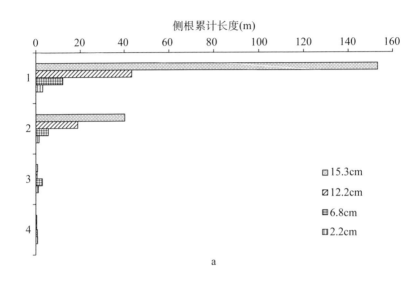

a

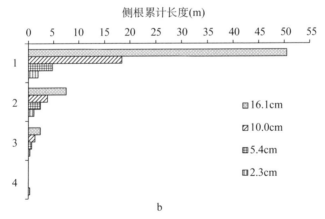

b

图 3-6　不同层次的侧根累计长度

a. 黄土区　　b. 土石区

仅有胸径 2.3cm 的油松有极少量侧根分布，其余 3 个直径的油松根系在主根的后 1/4 中均无侧根分布。每层侧根的累计长度分别占总侧根累计长度的 83.5%、78.3%、61.8% 和 58.2%。两个研究结果均说明油松侧根主要分布在油松主根的前 1/4 范围内，随着胸径的增加第一层侧根累计长度占总侧根累计长度的百分比在增加。

从图 3-7 中可以看出不同胸径的油松侧根生物量差异显著，侧根生物量随胸径的增大而增加，随层次深度的增加而减少。侧根的生物量也主要分布在主根的前 1/4 范围内，与侧根累计分布长度的变化规律一致。具体试验结果是黄土区第一层中胸径 15.3cm 的油松侧根干生物量为 7711.85g，胸径 12.2cm 的油松侧根干生物量次之为 2175.04g，胸径 6.8cm 的油松侧根干生物质量为 380.97g，胸径 2.2cm 的油松侧根干生物量最小为 35.13；第二层中不同胸径的油松侧根干生物量的变化规律与第一层相同，其干生物量分别为 1830.18g、738.88g、178.60g 和 17.27g；第三层和第四层中不同胸径的油松侧根干生物量分布规律与前两层的都不相同，第三层中仅有胸径 6.8cm 的油松有少量的侧根，其干生物量为 92.73g，而胸径 2.2cm 的油松和胸径 12.2cm 及胸径 15.3cm 的油松只有较少量的侧根，其干生物量分别为 11.74g、7.24g 和 8.95g；第四层中仅有胸径 6.8cm 的油松有较少量的侧根，其干生物量为 12.93g，而胸径 2.2cm 的油松和胸径 12.2cm 及胸径 15.3cm 的油松只有极少量的侧根，其干生物量分别为 3.19g、3.03g 和 3.58g。说明油松侧根的干生物量也主要分布在主根长度的前 1/4 范围内，分别占侧根总干生物量的 80.71%、74.38%、57.27% 和 51.45%，且随油松胸径的增加，其第一层侧根干生物量占总侧根干生物量的百分比在增加，与侧根累计分布长度的变化规律一致。

土石区第一层中胸径 16.1cm 的油松侧根干生物量为 4760.8g，胸径 10.0cm 的油松侧根干生物量次之为 2421.1g，胸径 5.4cm 的油松侧根干生物量为 112.3g，胸径 2.3m 的油松侧根干生物量最小为 45.3g；第二层中不同胸径的油松侧根干生物量的变化规律与第一层相同，其数值分别为 584.2g、297.5g、54.3g 和 24.8g；第三层中的油松侧根干生物量分布规律也与第一层相同，其数值分别为 138.4g、85.6g、16.2g 和 5.6g；第四层中仅有胸径 2.3cm 的油松有极少量侧根干生物量，仅为 1.1g，其余 3 个胸径的油松根系在主根的后 1/4 中均无侧根分布。试验结果同样说明了油松侧根的干生物量也主要分布在主根的前 1/4 范围内，分别占总侧根干生物量的 86.8%、86.3%、61.4% 和 59%，随胸径的增加第一层侧根干生物量占总侧根干生物量的百分比在增加，与侧根累计分布长度的变化规律一致。

通过本章前两节对于根系形态特征分析可以看出，无论是生长在黄土区的代表性研究区山西吉县蔡家川流域的油松，还是生长在土石区的代表性研究区河北围场县北沟林场的油松，在根系形态的分布上遵守着相同的

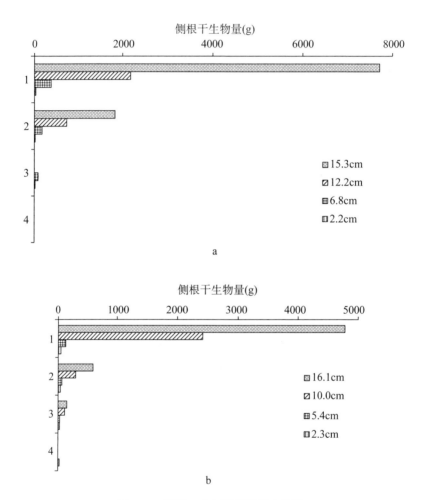

图 3-7　不同层次侧根累计干生物量

a. 黄土区　　b. 土石区

规律，包括主根长度与胸径和树高的关系、侧根数量、角度的分布规律等均显示出了同样的变化规律。在下面一节中简单介绍作为对比研究的另外4个树种的根系分布的调查分析结果。

3.3　不同树种的根系分布

5个树种白桦（*Betula platyphylla*）、油松（*Pinus tabuliformis*）、华北落叶松（*Larix principis-rupprechtii*）、蒙古栎（*Quercus mongolica*）和榆树（*Ulmus pumila*）均是取自土石山区的试验研究区，各标准木基本情况见表3-3。

表3-3　5种乔木基本情况调查

树种	树高（m）	胸径（cm）	冠幅（m²）	树龄（a）	坡向	坡度（°）
油　松	11.40	9.20	3.60 × 3.10	25	阴坡	8
蒙古栎	8.50	8.50	2.50 × 3.10	22	阴坡	12
白　桦	11.20	10.30	4.50 × 3.30	24	阴坡	8
华北落叶松	11.90	13.30	4.20 × 3.80	21	阴坡	5
榆　树	6.40	12.00	5.60 × 4.40	27	阳坡	7

3.3.1　根长 - 根径关系

每个树种确定3～4株标准木，在对各树种每株的根系调查后，得到根径与根长关系（图3-8）。虽然5个树种的树龄较接近，立地条件也很相近（只有榆树生长在阳坡），总的根长却有很大差别，最短的只有5154cm（榆树）左右，最长的约6928cm（白桦）。根径分为1mm ≤ D ≤ 3mm（C1）、3mm < D ≤ 5mm（C2）、5mm < D ≤ 10mm（C3）、10mm < D ≤ 20mm（C4）、D > 20mm（C5）五级，根径为C1和C3的根系长度比例大体占到各树种根长的50%~65%，含量最多，其次是C2的根系，约占20%~30%。C5的根主要分布在树桩基部周围，长度有限，以华北落叶松的472cm最长。

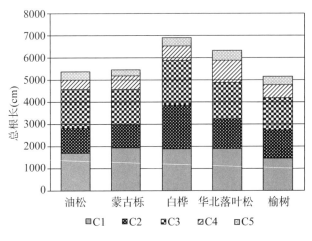

图 3-8　5 个树种根径与根长关系

　　表 3-4 为 5 个树种不同根径组的平均根长。随着根径的增加，5 个树种的根长呈现不同的变化，白桦的根长先增加后减小，其余 4 种都是 C1、C3 径级的根长值较大，随根径继续增加而递减。白桦的平均根长除 C4、C5 外，其他根径组都是总根长最长的，最多（C3）比榆树的长 612cm；落叶松的 C4、C5 根径组的总根长最长，可知华北落叶松根系中粗根长度所占比例较大。

表 3-4　5 个树种不同根径组下平均根长　　　　　　　　　　cm

树种		根径				
		C1	C2	C3	C4	C5
油　松	均值 ± 标准差	1784.3 ± 130.4	1038 ± 97.5	1819 ± 158.1	460.7 ± 39.2	359.7 ± 31.1
蒙古栎	均值 ± 标准差	1859 ± 304.0	1033.0 ± 237.1	1607.7 ± 137.0	603.0 ± 93.4	243.7 ± 42.5
白　桦	均值 ± 标准差	1904.0 ± 110.7	1982.7 ± 156.8	2054.7 ± 186.3	667.0 ± 131.6	331.0 ± 42.7
华北落叶松	均值 ± 标准差	1909.0 ± 27.5	1357.0 ± 133.9	1645.3 ± 88.0	971.0 ± 89.1	469.7 ± 44.5
榆　树	均值 ± 标准差	1488.7 ± 115.1	1278.7 ± 25.7	1442.7 ± 149.2	608.7 ± 69.8	372.0 ± 59.9

根长百分比等于每个根径组的根长与总根长之比（图 3-9）。5 个树种中油松、蒙古栎、白桦和榆树的 C1、C2、C3 根长百分比之和都超过了80%。在较大的根径组中，华北落叶松根系的百分比较大。油松接近 1/3 的根长集中在根径组 C3 中，蒙古栎超过 35% 的根长集中在 C1 根径组，而白桦超过 25% 的根长出现在 C2 组中。这意味着 5 种乔木细根（直径＜ 1cm）生长都很发达。

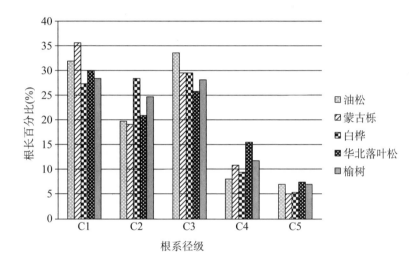

图 3-9　各级根径根系长度占总长度百分比

3.3.2　根长 – 土壤深度关系

5 个树种的平均根长从土壤表层开始，随着土壤深度增加而增大（表3-5）。土层 S1 和 S2 中的平均根长占总根长的 70% 以上，落叶松的高达81.3%，说明 5 个树种的根系长度大部分分布在距地面 0~40cm 之间。在土层 40cm 以下，平均根长开始减小。土壤层 S4 和 S5 的平均根长减小到总根长的 10% 以下，其中油松、华北落叶松、白桦和蒙古栎土层 S4 和 S5 的平均根长之和也小于 10%，榆树的只有 12.1%。在 5 个土层中，S2 层中的根长要显著高于其他 4 个土层。

表 3-5　5 个树种各土壤层的平均根长　　　　　　　　　cm

树种		S1	S2	S3	S4	S5
油　松	均值 ± 标准差	1448.0 ± 120.2	2571.3 ± 85.2	848.0 ± 76.2	346.0 ± 60.2	185 ± 29.1
蒙古栎	均值 ± 标准差	1676.3 ± 159.6	2527.3 ± 647.2	976.3 ± 141.1	340.3 ± 51.0	188.7 ± 34.0
白　桦	均值 ± 标准差	2310.7 ± 271.3	3263.3 ± 182.2	862.0 ± 138.5	349.3 ± 88.5	155.3 ± 15.9
华北落叶松	均值 ± 标准差	2456.3 ± 70.1	2752.3 ± 143.8	795.3 ± 179.9	233.0 ± 55.7	168.0 ± 45.7
榆　树	均值 ± 标准差	1438.0 ± 99.1	2264.7 ± 107.9	884.3 ± 129.6	437.3 ± 85.9	196.7 ± 26.3

注：S1: 0~20 cm；S2: 20~40 cm；S3: 40~60 cm；S4: 60~80 cm；S5: 80~100 cm。

3.3.3　根系生物量 - 根径关系

随着根径增大，5 个树种的根系生物量平均值一直在增加（表 3-6）。低径级根系生物量平均值在根径组 C1 比较小，没有显著性差异；白桦在 C2 组中最高为 170.1g，油松和蒙古栎较接近，华北落叶松和榆树较接近。随着根径的增大根系生物量平均值的差别也越来越大。华北落叶松 C3、C4 和 C5 组的生物量比其他 4 个树种显著要高，C5 是所有组中最高的，达 2309.2g。蒙古栎和榆树 C3 与 C4 组间的根系生物量没有显著性差异，但 C5 组相差较大，蒙古栎比榆树多 417.5g。油松 C3、C4 组生物量相近，C5 只有 852.1g。总之，5 个树种的生物量相差很大。

表 3-6　5 个树种不同根径组的平均生物量　　　　　　　　　g

树种		C1	C2	C3	C4	C5
油　松	均度 ± 标准差	30.2 ± 3.9	53.8 ± 5.8	277.0 ± 12.1	273.5 ± 87.4	852.1 ± 63.6
蒙古栎	均度 ± 标准差	24.5 ± 14.1	66.8 ± 5.6	300.4 ± 41.4	584.7 ± 60.2	1385.9 ± 92.6
白　桦	均度 ± 标准差	51.2 ± 4.1	170.1 ± 23.7	419.2 ± 45.1	622.7 ± 50.1	979.9 ± 122.4
华北落叶松	均度 ± 标准差	52.1 ± 10.7	116.7 ± 21.2	536.4 ± 56.8	698.9 ± 55.5	2309.2 ± 247.9
榆　树	均度 ± 标准差	29.7 ± 7.4	111.4 ± 11.3	365.1 ± 15.7	501.4 ± 27.1	968.4 ± 137.5

图 3-10 表示 5 个树种每个根径组的根系生物量与总生物量的百分比。5 个树种根系生物量百分比随着根径组的增大而增加。根径 < 5mm 的根系生物量占总生物量的比例非常小。各树种根系生物量最多的都集中在 > 20mm 径级，其中以华北落叶松 64.6% 和蒙古栎 60.9% 占的比例较高，油松居中 56.5%，白桦 43.9% 和榆树 47.9% 较低。这表明树木根系的粗根所占根系生物量的比重比细根大很多。白桦在 C3、C4 径级中根系生物量百分比最高达 46.1%，表明白桦以中细根为主。

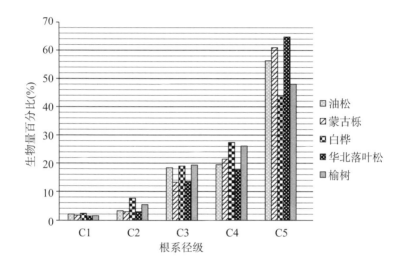

图 3-10　5 个树种各级根径根系生物量占总生物量百分比

3.3.4　根系垂直分布根型

图 3-11 为 5 个树种随土壤深度变化的累积根系长度。在上层 20~40cm 土壤中，各树种的根累积分数曲线变化相对较明显，而在其他土层中比较接近。结果表明根系垂直分布模型能较好地描述 5 个树种垂直分布的特点。

5 个树种都显示出深根型根系轮廓（油松 $\beta=0.968$，蒙古栎 $\beta=0.967$，白桦 $\beta=0.962$，华北落叶松 $\beta=0.960$，榆树 $\beta=0.969$）。华北落叶松有 39.11% 的根系集中在土壤 20 cm 范围中，而油松和榆树只有 27.03% 和 28.2% 的根系集中在这一层。虽然油松根系在上层 20cm 中含量最低，但

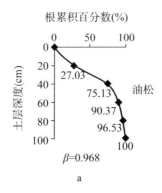

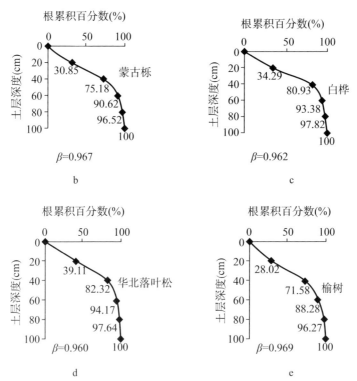

图 3-11　5 个树种根系累积曲线随深度变化图

a. 油松　b. 蒙古栎　c. 白桦　d. 华北落叶松　e. 榆树

在土壤 40 cm 范围内，油松有 75.3% 的根系集中在这一土层，比蒙古栎（73.12%）和榆树（71.98%）都高；5 个树种都有大于 95.0% 的根系集中在土壤 80 cm 范围内，80cm 以下只有少量分布（图 3-11）。根据本研究中挖掘的根系结果，相比落叶松和白桦，油松、榆树和蒙古栎具有稍微更深的根系分布轮廓。根系调查过程中得到的 5 个树种的根系形态照片如图 3-12 所示。

图 3-12 5 个树种根系形态

a. 白桦　b. 油松　c. 华北落叶松　d. 榆树　e. 蒙古栎

4　林木根系拉伸特性

庞大林木根系的网络作用有效地固持土体，有林木生长的斜坡如果发生土体滑坡，除了垂直根系的强大抗剪作用外，根系的轴向抗拉伸性能也起着非常重要的作用。有研究者认为当土体发生滑坡时，林木根系常见的破坏是以拉伸形式存在的，而不是剪切形式造成的。因此，对于林木根系拉伸力学特性的研究可更为有效地体现林木根系的力学特性。

研究林木根系的拉伸特性及其影响因素，对进一步探究林木根系本身的拉伸力学特性变化规律、了解根土相互间的摩擦作用及规律有重要意义。本研究将通过分析土层因素、实验控制因素等对油松根系拉伸力和拉伸强度等力学指标的影响，探讨林木根系拉伸的力学特性。

正如前文所述，为明确区分根系自身所能承受的拉伸力和根系与土壤之间拉拔摩擦力，在充分研究其他学者和我们团队研究成果的基础上，将其分别定义为拉伸力和拉拔力。而本章的重点是根系的拉伸特性，即根系的拉伸力、拉伸强度。本章中拉伸力与抗拉力的概念是一致的。

4.1　拉伸试验概述

如前所述试验材料取自选定的两个研究区，黄土研究区的蔡家川流域选择了油松，用于对比的油松、白桦、华北落叶松、蒙古栎取自土石研究区的北沟林场。试验用的 4 种乔木植物根系均为主直根系，根系强大，入土较深。

黄土区油松的试验选择了 4 个根系长度 50mm、70mm、100mm 和 120mm；单调轴向匀速拉伸的拉伸速率 10mm/min；试验根系总数 483 根，有效数量 286 根，成功率 59.21%，直径介于 7.78 ~ 14.22mm 之间，最大拉伸力介于 5.73 ~ 2022N 之间，平均拉伸强度介于 4.0 ~ 9.2MPa 之间。

土石山区 4 个树种的试验选择了 5 个根系长度 50mm、100mm、150mm、200mm 和 250mm；2 个单调轴向匀速拉伸的拉伸速率 10mm/min、400mm/min；试验根系总数 2397 根，有效数量 1464 根，成功率 61.07%，直径介于 0.47 ~ 10.7mm 之间，最大拉伸力介于 3 ~ 1268N 之间，平均拉伸强度介于 11.37 ~ 26.53MPa 之间。试验中油松的试验数量最多，总共有1076 根，成功率 63.10%；其次是白桦有 673 根，成功率 53.87%；然后是华北落叶松、蒙古栎。不同标距当中，标距 50mm 的根系试验的最多，共有 1133 根，其中有效数据为 584 根；其次是 100mm 标距，试验数量 490根，有效数据 327 根；250mm 的试验最少，试验数量为 423 根，有效数据293 根。

4.2　根系直径对林木根系拉伸性能的影响

根系的最大拉伸力是指根系在外力轴向拉伸作用下所能抵抗的极限抗拉力。根系在匀速加载过程中表现出的是单峰曲线，根系断裂时的拉力峰值即为根系的最大拉伸力。在 10mm/min 的拉伸速率下，通过对标距为50mm 的油松、华北落叶松、白桦、蒙古栎根系的室内拉伸试验，得到如图 4-1 所示的 4 个树种根系最大拉伸力与直径的关系曲线。由于 4 个树种具有相似的变化规律，我们以油松为例进行分析。从图中可以看出根系的最大拉伸力均与直径呈正相关关系，根系直径越大，最大拉伸力越大，说明 4 个乔木树种的粗根比细根有更大的极限拉伸力。随着根系直径的增大，最大拉伸力的增长幅度更大，如直径为 6mm 根系的最大拉伸力达到了 429N，而直径为 1mm 的根系最大拉伸力仅为 15N。

对油松根系的最大拉伸力与直径进行回归分析，采用幂函数关系进行拟合，发现根系的最大拉伸力与直径满足幂函数正相关关系，根系直径越大，最大拉伸力越大，且相关系数在 0.9 以上，拟合度较优。回归方程如下：

$$F=15.38D^{1.8572} \quad (R^2=0.9064) \tag{4-1}$$

式中：F 为最大拉伸力，N；D 为根系直径，mm。

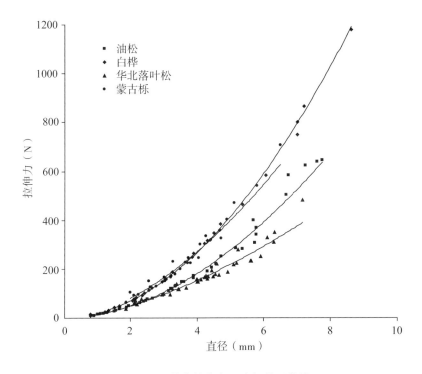

图 4-1 最大拉伸力 – 直径关系曲线

　　根系的拉伸强度是指根系抵抗轴向拉伸作用时的最大能力。在 10mm/min 的拉伸速率下，通过对标距 50mm 的油松、华北落叶松、白桦、蒙古栎根系的室内拉伸试验，得到如图 4-2 所示的 4 个树种根系拉伸强度与直径的关系曲线。由图可知根系的拉伸强度与直径没有明显的相关关系（$P > 0.05$），在各个直径级下均沿着趋势线上下波动，并没有随着直径的增大而有显著变化，但是可以看出趋势线是逐渐下降的，表明随着根系直径的增大，根系的拉伸强度在缓慢变小，细根的根系拉伸强度稍大于粗根。

　　对根系的拉伸强度与直径进行回归分析，发现根系的拉伸强度与直径的相关系数均在 0.15 以下，回归方程并不能表达出根系拉伸强度与直径的关系，说明根系拉伸强度与直径没有明显相关关系。

　　研究结果表明，根系拉伸强度与直径没有明显相关关系，但是有学者认为根系拉伸强度与直径存在明显相关关系。根系拉伸强度是根系最大拉伸力与根系截面积的比值，根系拉伸强度与直径存在自相关性，因此不能很好地解释它们之间的具体关系。T. C. Hales 等（2009）在解释根系拉伸特性的时候就因为此原因改用拉伸力与根系截面积的关系。

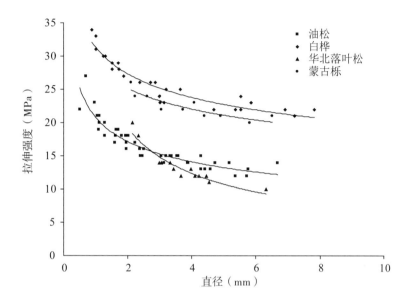

图 4-2　拉伸强度 – 直径关系曲线

对于根系拉伸强度与直径关系的研究结论至今尚不能达成共识，不同研究学者对不同树种拉伸强度与直径关系的研究有不同的结论（Lateh 等，2011）。目前，多数学者的研究认为，根系拉伸强度随根径的增加而呈幂函数关系下降（Norris，2005；Pollen，2007）。Bischetti 等（2009）的根系研究表明，直径 0.2mm 的根系拉伸强度能达到 650~750MPa，而直径 4.0mm 的根系拉伸强度只有 10~12MPa。但实际上，根系直径不是影响拉伸强度的唯一因素，随着根系的生长，根的组织结构和组成都将发生变化，而且不同种类植物发生变化的时间不同，这就导致了不同种类植物根系的拉伸强度和直径关系差别很大。根系拉伸强度还会受到很多其他不可控因素的影响，在植物的实际成长过程中，地理位置、生长环境、自然环境等都会对植物的生长发育造成不同程度的影响，相同植物也会因为其处于不同的生长期而有组成成分与组织结构上的差别，因此植物的根系拉伸强度与直径关系的研究差别较大。

由于拉伸强度与直径关系的不确定性，根系拉伸强度的研究仍是今后研究的重点，还需要大量的试验以及通过更精密的仪器来实现极细根和极粗根的测量，找到根系拉伸强度随直径变化的拐点，以确定根系拉伸强度与直径的关系。

4.3　根系长度对林木根系拉伸性能的影响

根系拉伸力学试验中应力大多集中在试样被拉伸破坏的位置，即为夹具的两端，因此为了防止夹具对于林木根系单根造成不必要的影响，拉伸试样的时候需要一定量的拉伸长度。一般轴向长度是横向尺寸的 8~10 倍，对于根系拉伸试验而言，在以往的拉伸试验当中，根系长度一般选取为横向尺寸 15 倍（Genet 等，2005），即 50mm（Hathaway，1975；Cofie 等，2001）、100mm（Sun，2008）、200mm（Abrnethy 等，2001）长度的较多。

本试验中油松根系的标距选择了 250mm、200mm、150mm、100mm和 50mm。图 4-3 即为油松在不同标距下直径与最大拉伸力关系的比较。试验研究发现，油松在标距 50mm 直径为 7.75mm 的单根最大拉伸力达到643N，较直径 0.9mm 拉伸力 10N，增长超过 60 倍。不同标距的油松根系直径与抗拉力关系表现为正关系增长，根系抗拉力随直径变粗而增长较快，说明油松根系当中，较粗的根有较大的抗拉力。从图 4-3 和表 4-1 中对比不同标距油松根系的最大拉伸力可以发现：相同根径时，标距越大，根系最大拉伸力越小；根径越大，各标距的最大拉伸力的差别也越大。标距 250mm、200mm 和 150mm 的平均最大拉伸力差别不大。总体而言，不同标距根系的最大拉伸力基本符合：250mm ＜ 200mm ＜ 150mm ＜ 100mm ＜ 50mm 的排列规律。

通过对根系拉伸力与根径之间的回归表达式分析可知，油松最大拉伸力和直径之间的关系为幂函数关系，并且相关系数在 0.9 以上。其回归方程为：

标距 50mm：$F = 13.103D^{1.8996}$　（R^2=0.9955）

标距 100mm：$F = 12.782D^{1.8297}$　（R^2=0.9299）

标距 150mm：$F = 12.444D^{1.8296}$　（R^2=0.9525）

标距 200mm：$F = 11.533D^{1.8412}$　（R^2=0.9468）

标距 250mm：$F = 11.481D^{1.8249}$ （ $R^2 = 0.9442$ ）

式中：F 为根系最大拉伸力，N；D 为根系直径，mm。

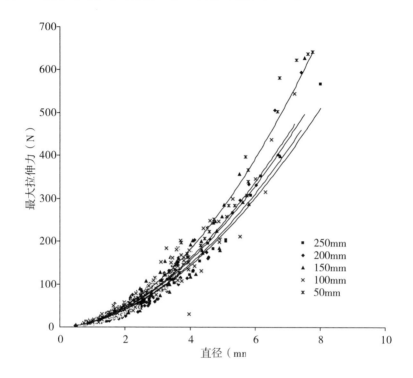

图 4-3 油松最大拉伸力 – 根系长度关系

表 4-1 油松根系平均拉伸力

标距（mm）	平均根系直径（mm）	平均拉伸力（N）
250	2.385 ± 0.97	68.186 ± 86.24
200	2.617 ± 1.05	84.934 ± 105.67
150	2.656 ± 1.98	90.750 ± 128.22
100	2.722 ± 1.55	96.901 ± 155.40
50	3.710 ± 1.98	196.410 ± 188.40

由图 4-4 可知，在相同直径条件下标距较小的油松根系拉伸强度较大，并且标距相差越小，拉伸强度相差越小，标距 50mm 根系和 100mm 根

系相差不多，但 50mm 根系和 250mm 根系拉伸强度相差较大，说明标距小的根系有更好的拉伸强度。在不同直径段的根系当中，直径 ≤ 1mm 的毛细根对缠绕固结土壤、强化土壤抗冲性有巨大作用，比如油松 50mm 标距、0.97mm 直径的拉伸强度 23MPa，200mm 标距、0.8mm 直径的拉伸强度 20MPa，250mm、标距 0.87mm 直径的拉伸强度 16MPa，均比其平均拉伸强度高出很多。总体而言，不同标距根系的拉伸强度基本符合下述排列规律：250mm < 200mm < 150mm < 100mm < 50mm（表 4-2）。

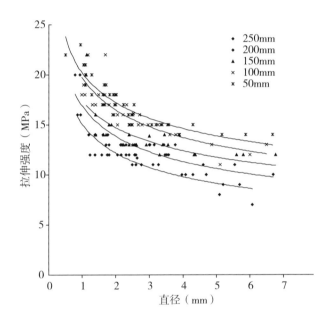

图 4-4　油松拉伸强度 – 根系长度关系

表 4-2　油松根系平均拉伸强度

标距（mm）	平均根系直径（mm）	平均拉伸强度（MPa）
250	2.623 ± 1.25	11.690 ± 1.55
200	2.998 ± 0.57	13.110 ± 1.57
150	3.001 ± 1.54	13.875 ± 1.54
100	2.529 ± 1.97	16.121 ± 3.20
50	2.832 ± 1.55	16.545 ± 3.17

本研究中油松根系拉伸强度一般在 20MPa 以下，这个结果与前人的研究相近，如 Rune（1999）对于苏格兰松（*Pinus sylvstris*）的研究以及 Schiechtl（1980）对于辐射松（*P. radiata*）和云南松（*P. yunnanensis*）的研究所得到的拉伸强度是比较相近的。然而本研究中油松的拉伸强度相比地中海地区树种根系的拉伸强度要低很多（Bischetti 等，2009），此地区的根系直径范围在 0.1 ~ 5.5mm 的区域范围，树种为欧洲落叶松（*Larix decidua*），根系的拉伸强度范围在 7 ~ 428MPa 的范围之内，这种差异性很有可能是来自于树种所生长的不同地理环境所决定的，土壤、气候、水分的不同都会造成相应的差异性的存在。本研究中拉伸强度与根系标距之间的关系与以前研究中对于冷杉与冬瓜杨的研究非常相似（朱清科，2002）。

通过对根系拉伸强度与根径之间的回归表达式分析可知，油松直径与拉伸强度间存在幂函数关系。其回归方程为：

标距 50mm：$T = 20.234D^{-0.2343}$ （$R^2 = 0.8642$）

标距 100mm：$T = 19.743D^{-0.2623}$ （$R^2 = 0.7566$）

标距 150mm：$T = 17.402D^{-0.2437}$ （$R^2 = 0.6551$）

标距 200mm：$T = 16.926D^{-0.2907}$ （$R^2 = 0.7964$）

标距 250mm：$T = 15.112D^{-0.3131}$ （$R^2 = 0.7868$）

式中：T 为根系拉伸强度，MPa；D 为根系直径，mm。

4.4 根系含水量对林木根系拉伸性能的影响

为了研究根系中水分含量对林木根系拉伸性能的影响，首先需确定根系含水量的变化范围，为此在开始正式试验之前先进行预试验，即——测量一个月内根系含水量的变化（一个月是试验根系试样保存的最长期限）。预试验过程中，选取了 19 个不同直径的样根，每周称量一次根重，称量完成后马上放回 4 ℃的冰箱中密封保存。4 次称量完成后，比较每次记录的根重，用单因素方差分析判断根重的变化是否显著，从而推断一个月内的根含水量变化是否会对根的力学性质产生显著影响。通过上述试验和分析将根系含水量分为 7 组，H1 的含水量为 53%~61%，H2 为 45%~53%，H3 为 37%~45%，H4 为 29%~37%，H5 为 21%~29%，H6 为 13%~21%，H7 为 5%~13%。

通过前面的分析我们已经知道单根拉伸强度受到根径影响的显著性并不稳定（二者呈负相关或不相关），而拉伸力却受到根径非常显著的影响，并且虽然幂函数是对二者关系拟合度最高的模型，但二者间也有显著的线性关系。根据协方差分析的应用前提（协变量与因变量之间显著相关并且呈线性相关关系），故在分析受到根系含水量影响的拉伸力时，我们可以使用协方差分析的方法，把根系径级作为协变量，根系含水量作为自变量，单根拉伸力作为因变量进行分析。另外，对受到根系含水量影响的拉伸强度的分析则使用单因素方差分析法。协方差分析的结果显示：对于油松而言，根系含水量对拉伸力的影响非常显著（$F=122.86$，$P < 0.01$）。此外，对于受根系含水量影响的拉伸强度的单因素方差分析则在控制根径的前提下进行，计算结果显示：不同径级根系含水量对单根拉伸强度均有显著的影响（表 4-3）。

表 4-3　单根拉伸强度的单因素方差分析

径级（mm）	拉伸强度 T	P
$1 \leqslant D < 2$	23.75**	< 0.01
$2 \leqslant D < 3$	45.81**	< 0.01
$3 \leqslant D < 4$	37.00**	< 0.01
$4 \leqslant D < 5$	19.72**	< 0.01
$5 \leqslant D < 6$	16.37**	< 0.01
$6 \leqslant D \leqslant 7$	14.58**	< 0.01

注：** 表示在 0.01 水平下极显著。

通过对根系含水量和单根拉伸强度之间关系的回归分析发现，虽然二次曲线是二者关系拟合度最好的模型，但是其拟合程度依然不是很高（表 4-4）。说明了在控制单根径级的条件下，拉伸强度在受到根系含水量影响的同时，很有可能还受到了其他因素的影响。分析认为直径就是其中一个非常重要的影响因素，虽然径级受到了控制，但是同一径级中的根径也有差别，考虑到根径对拉伸力极其显著的影响，并且拉伸强度是由拉伸力和根径共同计算的结果，来自根径的影响很有可能就是导致根系含水量和拉伸强度关系拟合度较低的主要原因。另外，根系含水量同样也不是一个确切的数值，而是一个数值范围，这也有可能是导致拟合度不高的原因之一。

表 4-4　根系含水量与单根拉伸强度关系的回归分析

径级（mm）	回归模型	拟合度（R^2）	P
$1 \leqslant D < 2$	$T=-1.185H^2 + 11.005H + 11.277$	0.39	< 0.01
$2 \leqslant D < 3$	$T=-1.162H^2 + 9.835H + 13.378$	0.32	< 0.01
$3 \leqslant D < 4$	$T=-0.851H^2 + 6.107H + 14.562$	0.17	< 0.01
$4 \leqslant D < 5$	$T=-1.185H^2 + 10.332H + 13.191$	0.31	< 0.01
$5 \leqslant D < 6$	$T=-1.185H^2 + 8.257H + 13.277$	0.45	< 0.01
$6 \leqslant D \leqslant 7$	$T=-1.185H^2 + 6.085H + 13.367$	0.41	< 0.01

注：T——拉伸强度；H——根系含水量。

4.5　树种对林木根系拉伸性能的影响

利用图 4-1 对标距同为 50mm 油松、白桦、华北落叶松、蒙古栎的直径与最大拉伸力之间的比较后发现，所选择的 4 种乔木根系都有较强的拉伸力。4 种乔木根系最大拉伸力与直径呈正相关，拉伸力随直径的增加而变大，说明乔木根系当中，较粗的根有较大的抗拉力。其中白桦和蒙古栎涨幅最大，递增幅度明显，油松和华北落叶松增大较缓。说明随着根系直径的增加，白桦和蒙古栎根系最大拉伸力的增幅较大，而油松和华北落叶松的增幅较小，说明根系直径对最大拉伸力的影响在白桦和蒙古栎这 2 个树种上表现得更明显。根径 5mm 时，油松和华北落叶松最大拉伸力为 200 N 左右，白桦最大拉伸力超过了 500N，蒙古栎最大拉伸力介于 300~400N，可以看出，在相同根径时，白桦最大拉伸力比其他几个树种的都要大，各树种根系的最大拉伸力与根径均满足幂函数关系。根径越大，最大拉伸力越大。

研究得到根系平均直径下的平均拉伸力见表 4-5，并通过对根系拉伸力与根径之间的回归分析可知，4 种乔木根系最大拉伸力和直径之间的关系为幂函数关系，并且相关系数在 0.9 以上。其回归方程为：

表 4-5　4 种乔木根系平均拉伸力

植物名称	平均根系直径（mm）	平均拉伸力 (N)
油　松	3.709 ± 1.98	196.410 ± 188.40
白　桦	3.453 ± 2.05	263.719 ± 287.90
华北落叶松	4.271 ± 1.22	177.692 ± 86.81
蒙古栎	3.674 ± 1.08	249.000 ± 142.62

油　　松：$F = 13.068 D^{1.897}$　　（R^2=0.9963）
白　　桦：$F = 18.186 D^{1.9411}$　　（R^2=0.9964）
华北落叶松：$F = 16.624 D^{1.6005}$　　（R^2=0.9615）
蒙　古　栎：$F = 24.617 D^{1.7297}$　　（R^2=0.9599）

式中：F 为根系最大拉伸力，N；D 为根系直径，mm。

通过对标距同为 50mm 油松、白桦、华北落叶松、蒙古栎的最大拉伸力与直径之间的比较，结合图 4-2 可知，根系的拉伸强度与直径呈反相关，随着根系直径的增加，拉伸强度相应降低，说明根越细，拉伸强度越大，直径 2mm 以下的毛细根对土体有更强的黏聚力，具有更好的护坡能力。在相同直径处白桦和蒙古栎的拉伸强度要比油松、华北落叶松的高出 5MPa 左右，说明相同直径下白桦与蒙古栎有更好的力学性能，如根径 5mm 时，油松平均拉伸强度约为 15MPa，白桦平均拉伸强度约为 25MPa，华北落叶松平均拉伸强度约为 13MPa，蒙古栎平均拉伸强度约为 20MPa。同时，白桦和蒙古栎的下降幅度最为平缓，而华北落叶松的下降幅度最大，在 2 ~ 6mm 直径区间递减趋势明显，说明直径的变化对该根系拉伸强度的影响较大。经初步分析，华北落叶松的平均拉伸强度最小。各树种根系的拉伸强度与根径均满足幂函数关系。根径越大，拉伸强度越小。

大部分学者对林木根系力学的研究，都得到了拉伸强度与直径之间呈反相关的结论，如杨永红等（2007）对云南几种乔木的研究、朱海丽等（2008）对青藏高原黄土区护坡灌木植物的研究。但田佳等（2007）对华北地区常见边坡草本植物的研究显示拉伸强度与直径呈正相关，拉伸强度随直径的增加而增大，与乔木或灌木试验结果不同，但也不是所有的草本植物试验都呈正相关的关系，王琼等（2008）对 8 种常见护坡草本植物的研究、李成凯（2008）对青藏高原黄土区 4 种草本植物的研究以及程洪等（2006）对江西部分常见草本植物的研究都显示植物根系直径与拉伸强度之间的关系呈反关系。草本植物以须根系为主，且直径大多在 1mm 以下，细根为主承力，而乔灌木植物以主根系为主，直径在 1mm 以上的较多，粗根为主承力，这些差异有可能是造成直径与拉伸强度关系不同的原因，具体情况还有待进一步的试验来论证。

研究得到根系平均直径对应的抗力强度见表 4-6，并通过对根系拉伸强度与根径之间的回归分析可知，4 种乔木根系直径与拉伸强度间存在幂函数关系，相关系数在 0.8 以上，其回归方程为：

油　　松：$T = 20.8\,D^{-0.2799}$　　　（R^2=0.886）

白　　桦：$T = 26.408\,D^{-0.1546}$　　（R^2=0.852）

华北落叶松：$T = 29.571\,D^{-0.6281}$　　（R^2=0.9172）

蒙　古　栎：$T = 28.684\,D^{-0.1895}$　　（R^2=0.8045）

式中：T 为根系拉伸强度，MPa；D 为根系直径，mm。

表 4-6　4 种乔木根系平均拉伸强度

植物名称	平均根系直径（mm）	拉伸强度 (MPa)
油　松	2.832 ± 1.55	16.545 ± 3.17
白　桦	3.073 ± 2.09	23.024 ± 2.45
华北落叶松	3.740 ± 1.08	13.462 ± 2.76
蒙古栎	3.855 ± 1.45	22.545 ± 1.81

4.6　拉伸速率对林木根系拉伸性能的影响

在相同的标距下对油松根系进行不同拉伸速率的试验，选用的拉伸速率分别为 100mm/min、50mm/min 和 10mm/min，根系标距为 100mm，共获得有效数据 104 个，其中拉伸速率为 10mm/min 的 56 个，50mm/min 的 26 个，100mm/min 的 22 个。油松根系不同拉伸速率下的拉伸力分布如图 4-5 所示，协方差分析表明，不同拉伸速率下的油松根系拉伸力差异显著（$F_{2,51}$=245.8，$P < 0.001$）。平均拉伸力随拉伸速率的增大呈现出先增大后

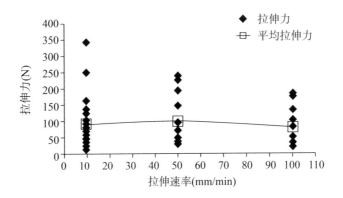

图 4-5　不同拉伸速率下的拉伸力分布

减小的规律，其中 50mm/min 时的平均拉伸力最大为 100.3N，10mm/min 时的平均拉伸力次之为 92.5N，100mm/min 时的平均拉伸力最小为 79.5N。在自然状态下，植物会受到各种不同类型的荷载作用，这就导致了对植株所加载的力的大小和方式不同。研究结果表明，植物在受到较小的拉伸速率和较大的拉伸速率下荷载的作用时所产生平均拉伸力均较小，这就说明了为什么在突发自然灾害时，往往可以将树木连根吹倒，造成比较大的破坏力的原因。

由图 4-6 可以看出，油松根系的拉伸强度与根系直径呈负相关关系，随着根系直径的增加，拉伸强度减小；在相同直径时，拉伸速率小的根系拉伸强度较大，且拉伸速率 10mm/min 的根系拉伸强度远大于拉伸速率为 50mm/min 和 100mm/min 时的根系拉伸强度，说明小的拉伸速率能更好的充分发挥植物根系的抗拉作用。对根系拉伸强度与根径之间的关系进行回归分析可得，拉伸速率为 10mm/min 时，油松根系直径与拉伸强度间存在幂函数关系（$T_s = 18.86D^{-0.21}$，$R^2 = 0.910$，$P < 0.001$）；拉伸速率为 50mm/min 时，油松根系直径与拉伸强度间的关系仍以幂函数拟合效果最好（$T_s = 15.44D^{-0.24}$，$R^2 = 0.921$，$P < 0.001$）；拉伸速率为 100mm/min 时的变化规律同拉伸速率为 50mm/min 和 100mm/min 时相同（$T_s = 14.46D^{-0.25}$，$R^2 = 0.910$，$P < 0.001$）。

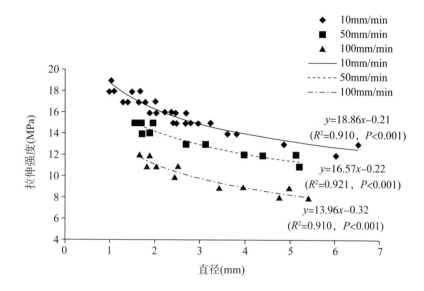

图 4-6 油松拉伸强度与直径关系

以上结果说明，幂函数能较好的表达不同拉伸速率下的油松根系拉伸强度随根径的变化规律。直径小的根系拉伸力小，反而拉伸强度较大，直径大的根系拉伸力大反而拉伸强度小，说明细小的根系在维持根系局部范围内的土壤稳定性具有重要意义，而粗壮的根系又将细小的根系连接起来，共同保持土壤的稳定，以防止土体破坏。

协方差分析表明，不同拉伸速率下的油松根系拉伸强度差异显著（$F_{2,51}$=348.9，$P < 0.001$），拉伸强度随拉伸速率的变化规律如图 4-7 所示，油松根系拉伸强度随拉伸速率的增大呈线性减小的趋势（y=-0.065x + 16.58，R^2=0.687，$P < 0.001$）。平均拉伸强度大小（表 4-7）为 10mm/min 时的拉伸强度（15.9MPa）＞ 50mm/min 时拉伸强度（13.4MPa）＞ 100mm/min 时的拉伸强度（10.0MPa）。这说明在相同根径下，外力加载的越突然，根系抵抗外力的能力就越差，根系突然断裂时的抵抗力则较小。

综上所述，拉伸速率对油松根系抗拉特性有显著影响，随着拉伸速率的增加，油松根系的抗拉力明显减小，拉伸强度也随拉伸速率的增加呈线性减小规律。这说明在实际当中，外在荷载对植物的作用方式和作用过程会引起植物的固土能力差异，根系抗拉能力对不同的作用方式的响应机制不同，在正常条件下植物可以通过其自身的抗拉特性抵抗外部荷载的破坏，当突发灾害时，根系对土体的固持能力反而会下降。

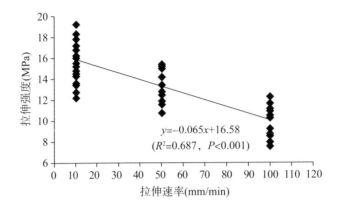

图 4-7　不同拉伸速率下的油松根系拉伸强度

表 4-7　油松根系拉伸强度的数据分析

拉伸速率 （mm/min）	拉伸力 （N）	均值	标准差	标准误	均值的 95% 置信区间		极小值	极大值
					上限	下限		
10.00	28	15.9	1.71	0.33	15.22	16.59	12.2	19.2
50.00	12	13.4	1.44	0.45	12.38	14.36	10.8	15.3
100.00	12	10.0	1.44	0.43	9.05	10.95	7.6	12.3
总数	52	13.9	2.85	0.40	13.49	14.42	7.6	19.2

4.7　土层深度对林木根系拉伸性能的影响

为分析根系拉伸特性与土层深度的关系，将土石山区土层分为 5 层：S1 为埋深 5~25cm，S2 为 25~45cm，S3 为 45~65cm，S4 > 65cm。S 是指有根系分布的整个土层。对不同土层深度的油松根系进行拉伸试验，取每一层所测各径级根系的平均拉伸力作为该径级根系的拉伸力。协方差分析表明，不同土层深度油松根系拉伸力间存在显著差异（F=19.383，$P <$

0.001）。根系拉伸力随直径的变化如图 4-8 所示，油松根系直径对拉伸力影响明显，油松根系的拉伸力随直径的增大而加强；在 1 ~ 3mm 内，各层根系拉伸力随直径的增加增速差别不大，而 3 ~ 5mm 内 S1 和 S2 层的增速要明显大于 S3 和 S4 层。S1 层油松根系拉伸力范围为 9~264N，S2 为 14~228N，S3 为 7~192N，S4 为 13~209N；平均拉伸力为 S2（111.4N）＞S1（103.7N）＞S3（90.2N）＞S4（79.6N），全部土层深度的根系平均拉伸力为 96.2N。对不同土层深度的拉伸力进行曲线拟合，各层根系拉伸力与根径之间的回归方程如表 4-8 表明，幂函数的拟合效果最好，拟合度最高为 0.985（$P < 0.001$），最低为 0.950（$P < 0.001$）。对全部的根系拉伸力进行拟合仍符合幂函数的变化规律，拟合度为 0.949（$P < 0.001$）。说明油松根系拉伸力与直径在各层都呈正相关，且以幂函数的规律变化，上层土壤中根的拉伸力明显高于下层土壤中的拉伸力。

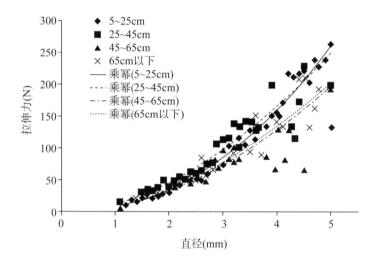

图 4-8　不同土层深度根系拉伸力与直径的关系

综上，本研究中对油松不同土层深度的根系拉伸力与直径的关系研究表明，不同土层深度的油松根系拉伸力以及所有深度根系的拉伸力都随直径的增大，以幂函数增大，但回归方程的系数不同。协方差分析表明，不同土层深度的油松根系拉伸力有显著差异，平均拉伸力大小表现为 S2 ＞ S1 ＞ S3 ＞ S4，导致这一结果的原因主要是由于土壤的物理、化学和生物学特性的空间分布异质性，使得根系生长过程中的环境因素不同，导致根系生长发育的差异，进而影响根系的拉伸力（Chiatante 等，2002；Cucchi 等，2004；Dexter，1987；Goodman 等，1999；薛建辉 等，2006）。例如，温度可以影响根系对水分和矿质元素的吸收，以及呼吸速率等生理过程；土壤水分和通气状况也会改变根系的生长发育和功能的发挥；土壤矿质元素的含量和种类以及其他环境胁迫因子也会导致根系生长和发育的不平衡。这说明除了树种本身的因素外，水分、养分等土壤性质对根系抗拉力学特性影响显著，但其影响机制还有待于进一步研究。

表 4-8 不同土层深度根系拉伸力与直径的回归方程

编号	土层深度（cm）	拟合方程	R^2	标准误差	P	平均拉伸力（N）
T1	5~25	$y = 7.454\,x^{2.211}$	0.985	0.117	< 0.001	103.7
T2	25~45	$y = 13.30\,x^{1.820}$	0.957	0.143	< 0.001	111.4
T3	45~65	$y = 8.714\,x^{1.942}$	0.950	0.197	< 0.001	90.2
T4	65 以下	$y = 11.03\,x^{1.804}$	0.968	0.138	< 0.001	79.6
T	全部	$y = 9.631\,x^{1.978}$	0.949	0.186	< 0.001	96.2

下面讨论土层深度对根系拉伸强度的影响。协方差分析表明，不同土层根系拉伸强度存在显著差异（$F=35.357$，$P < 0.001$）。不同土层深度的油松根系拉伸强度随根系直径的变化规律如图 4-9 所示，S1 层拉伸强度随直径的增加呈指数函数增大，S2、S3 和 S4 层拉伸强度随直径的增加而减小，其中 S2 为指数函数关系，S3 为多项式函数关系，S4 为乘幂函数关系，虽然均达到显著相关水平（$P < 0.05$），但拟合度较低（表 4-9）。不同土层深度的油松根系平均拉伸强度 S2(14.10MPa) > S1（11.66MPa）> S3（11.44MPa）> S4（10.16MPa），全部土层深度根系的平均拉伸强度为 11.84MPa，且各层根系拉伸强度的平均值差别不大。研究结果表明，不同土层深度的油松根系拉伸强度不同，且随直径增加呈现出不同的变化规律，上层根系的平均拉伸强度要高于下层根系，但差别不大。

对所有土层根系的拉伸强度和根径关系的相关性分析表明，根系拉伸强度和直径的相关性不显著（$P=0.616$)，没有明显的变化规律。所有土层根系拉伸强度大致沿平均拉伸强度（11.84MPa）在 ±5MPa 范围内均匀分布。表明油松根系的拉伸强度与直径没有显著的关系，单根拉伸强度沿着平均拉伸强度上下波动。

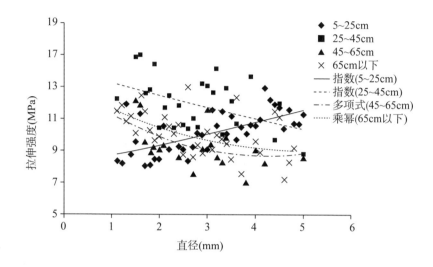

图 4-9　不同土层深度根系拉伸强度与直径的关系

表 4-9　不同土层深度油松拉伸强度与直径的回归方程

编号	土层深度（cm）	拟合方程	R^2	标准误差	P	平均拉伸强度（MPa）
S1	5–25	$y = 9.219e^{0.081x}$	0.415	0.114	< 0.001	11.66
S2	25–45	$y = 17.29e^{-0.07x}$	0.191	0.142	0.022	14.10
S3	45–65	$y = 0.354x^2 - 2.915x + 15.93$	0.217	0.147	0.026	11.44
S4	65 以下	$y = 14.05x^{-0.19}$	0.264	0.138	0.002	10.16
S	全部	$y = 0.101x^2 - 0.761x + 13.46$	0.008	2.227	0.616	11.84

　　综上所述，本研究对油松不同土层深度根系拉伸强度随直径的关系研究表明，不同土层深度油松根系拉伸强度随直径的变化趋势存在差异，S1层拉伸强度随直径的增加而增大，S2、S3 和 S4 层拉伸强度随直径的增加而减小，平均拉伸强度大小表现为 S2 > S1 > S3 > S4，每一层的回归方

程都不能较好地拟合实测值,规律不明显。所有土层根系拉伸强度与直径的回归方程表明,拉伸强度大致在平均拉伸强度上下一定范围内均匀分布,表明根系拉伸强度和直径没有相关性,这与材料力学里对拉伸强度的定义相吻合。因此,在试验中发现的根系拉伸强度与根径间关系的差异可以解释为主要是由于根系材料和形态的非均质性造成的。

4.8　土壤含水量、土壤容重对根系拉伸特性的影响

油松根系抗拉特性与土壤物理性质指标的典型相关性分析结果(表4-10)表明,油松根系平均拉伸力与土壤含水率的相关系数为0.912,与土壤容重的相关系数为 –0.680,平均拉伸强度与土壤含水率的相关系数为0.830,与土壤容重的相关系数为 –0.722。

表 4–10　油松根系抗拉特性与土壤物理性质典型相关系数

	容重	含水率	分形维数	平均拉伸力
容重	1			
含水率	–0.667[*]	1		
分形维数	0.487	–0.720[**]	1	
平均拉伸力	–0.680[*]	0.912[**]	–0.513	1
平均拉伸强度	–0.722[**]	0.830[**]	–0.384	0.965[**]

注:* 在 0.05 水平(双侧)上显著相关;** 在 0.01 水平(双侧)上显著相关。

由于土壤容重、含水率和分形维数之间相互存在影响,并不是完全独立的,故采用偏相关分析进行影响因子的控制,结果(表4-11)表明平均拉伸力与土壤含水率的相关系数为0.839和0.911,与土壤容重的相关系数为 –0.235和 –0.574,平均拉伸强度与土壤含水率的相关性为0.675和0.863,与土壤容重的相关系数为 –0.405和 –0.663。说明在影响油松根系平均拉伸力和拉伸强度的土壤物理性质中,土壤含水率始终与平均拉伸力和拉伸强度呈显著正相关,土壤容重通过土壤含水率的影响与平均拉伸力和平均拉伸强度呈显著负相关。

表 4-11　油松根系抗拉特性与土壤物理性质偏相关系数

	控制因子	容重	含水率	分形维数	平均拉伸力
含水率			1		
分形维数	容重		-0.608	1	
平均拉伸力			0.839**	-0.283	1
平均拉伸强度			0.675	-0.054	0.934**
容重		1			
分形维数	含水率	0.013		1	
平均拉伸力		-0.235		0.506	1
平均拉伸强度		-0.405		0.551	0.908**
容重		1			
含水率	分形维数	-0.522	1		
平均拉伸力		-0.574	0.911**		1
平均拉伸强度		-0.663	0.863**		0.969**

注：* 在 0.05 水平（双侧）上显著相关；** 在 0.01 水平（双侧）上显著相关。

5 林木单根与土壤的拉拔摩擦性能

在有林木生长的斜坡上，如果发生土体滑坡，滑动土体移动时会带动分布在滑动面以上斜坡土体中的根系一起移动。由于滑动面以上斜坡土体中的根系和土壤紧密结合，根系与土壤间会有相互作用力，当根系与土壤发生相对滑动或具有相对滑动趋势时就会产生摩擦力，且根系对土体摩擦力的作用方向与土体滑动方向相反，此时根系对土体的作用类似于边坡工程中的水平抗滑桩，其与土壤之间的作用力对根系而言为拉拔力，对于根土界面而言为摩擦力。

在试验中设置加载速度不变，根据受力平衡，试验仪器施加的拉拔力等于根土界面的摩擦力。试验拉拔力实际是由摩擦力和黏聚力两部分组成，由于黏聚力多是根系生长过程中与土壤发生生物化学作用产生的，在根系原生环境下才会作用比较明显，而试验中是将根系从原生环境中取出，拿到实验室重新埋置进行试验，因此此时的黏聚力小到可以忽略。因此，在进行数据分析和讨论时，可将试验曲线中拉拔力等效为根土界面的拉拔摩擦力。为了便于分析描述，文中的最大拉拔力皆称为最大摩擦力 F_m。而抗拉拔力值应该是与试验拉拔力值在数值上大小相等，方向相反。

如第 2 章中所述，林木单根与土壤摩阻性能的研究是通过在进行油松单根拉拔摩擦试验时，对 4 种不同的试验条件（根系埋置深度、根系拉拔加载速度、土壤含水率、土体干密度）下的结果进行分析，从而探究根系直径 D、埋置深度 L_d、土壤含水率 W_s、加载速度 V、土体干密度 ρ_s 对油松单根与土壤界面摩擦特性的影响。并且对测定不同树种落叶松、桦树、蒙古栎的相应数据进行对比分析。

5.1 单根拉拔摩擦破坏模式

5.1.1 单根拉拔摩擦试验

在进行单根拉拔摩擦试验之前，先要进行砸土预试验，即通过多次砸土预试验来确定，若想达到某个目标土体干密度，需要使用何种质量的钢锤砸击几次。经过多次砸土试验总结得到砸土操作信息见表 5-1。需要特别说明的是，钢锤砸击次数是针对试件盒中的每一层土来说的，即若想达到土体干密度为 1.38g/cm³，则要对每层土使用 2kg 钢锤砸击 3 次，试件盒中一共要砸 5 层土。由前文可知，实际测得的土壤含水率范围为 12.93%~31.11%。在单根拉拔摩擦试验过程中，当土壤含水率为 12.93% 时，土壤结构极不稳定，不满足根系拉拔摩擦试验的实际情况，故根据试验情况调整含水率范围为 13.18% ~31.11%。

本研究中的单根拉拔摩擦试验分为 10 组，每一组的试验样本数为 10 个，总样本数为 100 个。试验分组的具体信息见表 5-2。

表 5-1　砸土信息表

含水率（%）	13.18	15.18	15.18	15.18	17.18	31.11
目标干密度（g/cm³）	1.46	1.38	1.46	1.56	1.46	1.46
处理情况	4kg 钢锤砸击 8 次	2kg 钢锤砸击 3 次	2kg 钢锤砸击 6 次	4kg 钢锤砸击 9 次	2kg 钢锤砸击 5 次	2kg 钢锤砸击 3 次

表 5-2　单根拉拔试验分组信息表

组标号	试验条件					
	L_d(mm)	V(mm/s)	W_s(%)	ρ_s(g/cm³)	D_{min}(mm)	D_{max}(mm)
A	50	0.2	15.18	1.46	1.57	9.76
B	100	0.2	15.18	1.46	1.62	9.82
C	150	0.2	15.18	1.46	1.90	10.50
D	150	2.0	15.18	1.46	1.64	9.23
E	150	4.5	15.18	1.46	1.37	9.23
F	150	0.2	13.18	1.46	1.26	9.60

（续）

组标号	试验条件					
	L_d(mm)	V(mm/s)	W_s(%)	ρ_s(g/cm^3)	D_{min}(mm)	D_{max}(mm)
G	150	0.2	17.18	1.46	1.88	9.50
H	150	0.2	31.11	1.46	1.64	9.46
I	150	0.2	15.18	1.38	1.26	9.64
J	150	0.2	15.18	1.56	1.76	9.42

注：L_d——根系埋置深度；V——加载速度；W_s——土壤含水率；ρ_s——土体干密度；D_{min}——最小直径；D_{max}——最大直径。

5.1.2 单根拉拔摩擦破坏模式分析

根据试验中出现的单根破坏形式总结出 3 种破坏模式：

①单根被完全拔出破坏模式。即单根在试验过程中被完整拔出，无根系部位留在土壤中。

②单根被拔断破坏模式。即在单根拉拔摩擦试验过程中某些根系部位发生断裂留在土壤中。

③单根表皮滑脱破坏模式。即在单根被拔出过程中，木质部与根系表皮发生相对滑移，造成根系木质部被拔出，而表皮仍留在土壤中。

3 种破坏模式如图 5-1 至图 5-3 所示。

  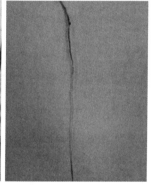

图 5-1　拔出破坏　　　图 5-2　拔断破坏　　　图 5-3　表皮滑脱破坏

对于第②种破坏模式（单根被拔断破坏模式），可进一步分为 3 种更具体的破坏模式：

自由端被拔断破坏模式。即在单根拉拔摩擦试验过程中，由于拉拔力作用导致单根自由端部位（夹根器以下，土表面以上的根系部分）发生断裂而破坏。

土壤中被拔断破坏模式。即在单根拉拔摩擦试验过程中，由于拉拔力作用导致根系埋置土壤的部位发生断裂而破坏。这种破坏模式和上一种破坏模式本质上皆为单根被拔断，故都可视为单根拔断破坏模式。

单根靠近夹根器的部位破坏模式，简称单根夹断破坏模式。这是因为单根被夹根器夹持过紧，破坏了根系内部结构，导致单根在拉拔的开始阶段就很快被拔断，这种试验结果视为失败试验结果，在之后的试验样本分析中不予考虑。

第③种破坏模式（单根表皮滑脱破坏模式）在试验中出现的次数很少，且仅发生于单根直径较小（直径 < 3mm）的单根拉拔摩擦试验中。这是由于细根表皮幼嫩，容易在单根被拔出过程中剥落，造成木质部和根系表皮分离。

对以上的破坏模式进行归纳，如图 5-4 所示。

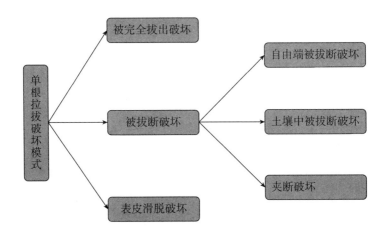

图 5-4　单根拉拔破坏模式归纳图

5.2　单根拉拔摩擦试验数据及分析

5.2.1　单根拉拔摩擦试验数据统计

根据前文所述的单根拉拔摩擦试验设计内容进行试验，一共进行了 100 次单根拉拔摩擦试验，试验失败次数为 6 次，剔除 4 个异常数据，最终见表 5-3。为了进行对照将表 5-2 中的试验分别在 4 种不同试验条件（埋深、加载速度、土壤含水量、土体干密度）进行。表 5-2 中 A、B、D、E、F、G、H、I、J 组分别对应的是表 5-3 中的 1、2、5、6、7、9、10、11、13 组，而表 5-2 中的 C 组对应的是表 5-3 中的 3、4、8、12 组。

表 5-3　不同条件下根系拔出试验破坏模式统计

T	L_d(mm)	V(mm/s)	W_s（%）	ρ_s(g/cm³)	D_{min}(mm)	D_{max}(mm)	N P	N B	N S	分组
1	50	0.2	15.18	1.46	1.57	9.76	9	0	0	
2	100	0.2	15.18	1.46	1.62	9.82	9	0	0	埋深
3	150	0.2	15.18	1.46	1.90	10.50	8	1	0	
4	150	0.2	15.18	1.46	1.90	10.50	8	1	0	加载速度
5	150	2.0	15.18	1.46	1.64	9.23	8	1	0	
6	150	4.5	15.18	1.46	1.37	9.23	6	2	1	
7	150	0.2	13.18	1.46	1.26	9.60	9	0	0	
8	150	0.2	15.18	1.46	1.90	10.50	8	1	0	含水量
9	150	0.2	17.18	1.46	1.88	9.50	9	0	0	
10	150	0.2	31.11	1.46	1.64	9.46	9	0	0	
11	150	0.2	15.18	1.38	1.26	9.64	9	0	0	土体
12	150	0.2	15.18	1.46	1.90	10.50	8	1	0	干密度
13	150	0.2	15.18	1.56	1.76	9.42	8	1	0	

注：T——分组序号；L_d——根系埋置深度；V——加载速度；W_s——土壤含水率；ρ_s——土体干密度；D_{min}——组内最小直径；D_{max}——组内最大直径；N——破坏形式；P——被完全拔出破坏；B——被完全拔断破坏；S——表皮滑脱破坏。

从表 5-3 中可知，1、2、3 组是为了研究单根的埋置深度对单根与土壤拉拔摩擦性能的影响，4、5、6 组是为了研究试验的加载速度对单根拉拔性能的影响，7、8、9、10 组是为了研究土壤含水率对单根与土壤拉拔摩擦性能的影响，11、12、13 组是为了研究土体干密度对单根与土壤拉拔摩擦性能的影响。根据表 5-3 所列的试验结果做出了上述试验设计条件下不同直径的破坏模式图，如图 5-5 所示。

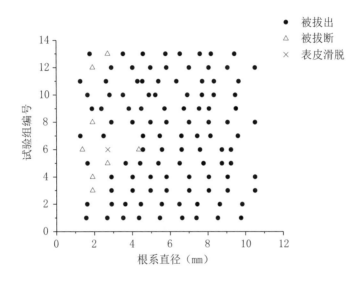

图 5-5　不同条件下不同直径的破坏模式

从表 5-3 和图 5-5 可以看出，单根直径的主要分布范围在 1~11 mm 之间，这是为了便于研究在不同直径条件下单根与土壤的拉拔摩擦性能，且每组试验所选取的单根直径都较均匀地分布在研究范围之内。从图 5-5 中可以看出，相对于其他试验组，4、5、6 组更容易发生被拔断破坏和表皮滑脱破坏，且多发生在直径较小的区段内；结合表 5-3 可以看出随着加载速度的提高，最大拔断破坏直径增大。从 11、12、13 组可知，土体干密度对单根拔出破坏有影响，这是因为土体干密度越大，土壤与根系表面接触就越紧实，则更可能发生被拔断破坏或表皮滑脱破坏。

5.2.2 单根拉拔摩擦力与位移曲线

通过数据采集软件得到了单根在土体中受拉拔情况下的拉拔摩擦力和拔出过程中与土壤相对位移曲线，简称为 F–S 曲线。图 5-6 中的每一组曲线都对应了表 5-3 中的每一组数据结果，一共有 10 组（其中 3、4、8、12 组的数据结果和曲线皆相同，以便于分别对 4 种试验条件的结果进行对照）；且在每一组曲线中，当显示一种试验条件时，默认其他条件是相同的。如"A. 第 1 组 F–S 曲线"表示的是根据表 5-3 的第 1 组数据，即埋深为 50mm、加载速度为 0.2mm/s、土壤含水率为 15.18%、土体干密度为 1.46g/cm³ 的试验条件下图中所示的不同直经的单根 F–S 曲线。

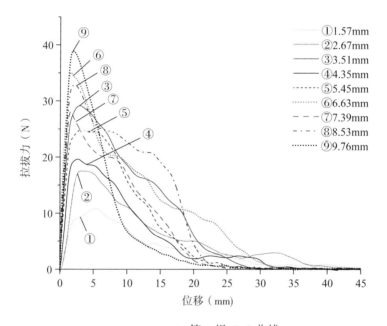

A. 第 1 组 F–S 曲线

图 5-6 13 组根系拉拔试验 F–S 曲线

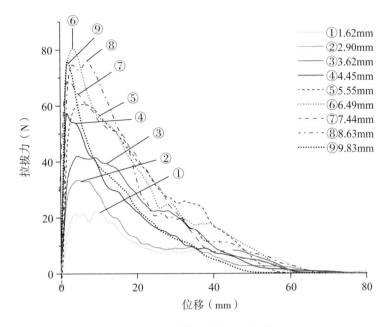

B. 第 2 组 F-S 曲线

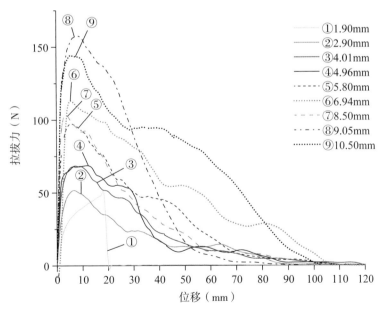

C. 第 3、4、8、12 组 F-S 曲线

图 5-6（续）

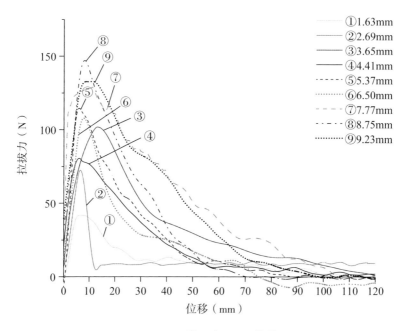

D. 第 5 组 *F-S* 曲线

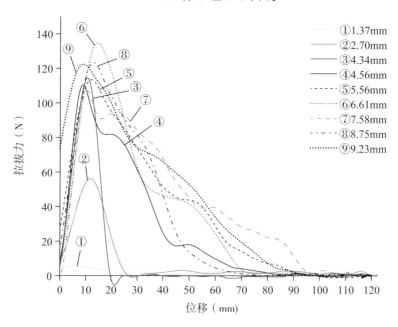

E. 第 6 组 *F-S* 曲线

图 5-6（续）

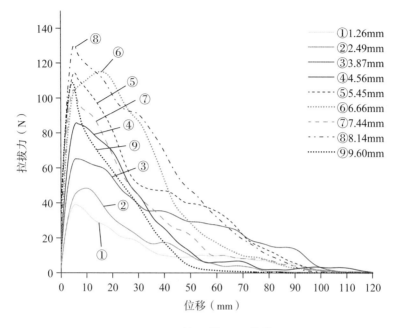

F. 第 7 组 *F-S* 曲线

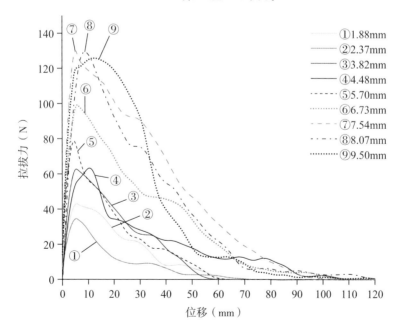

G. 第 9 组 *F-S* 曲线

图 5-6（续）

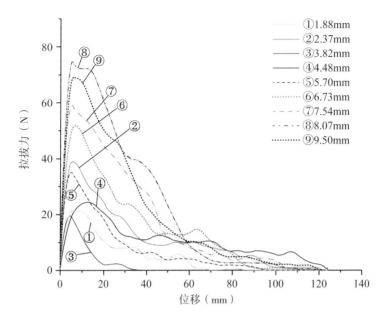

H. 第 10 组 *F-S* 曲线

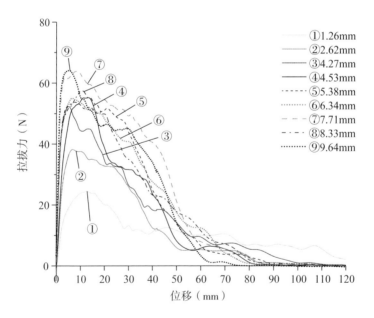

I. 第 11 组 *F-S* 曲线

图 5-6（续）

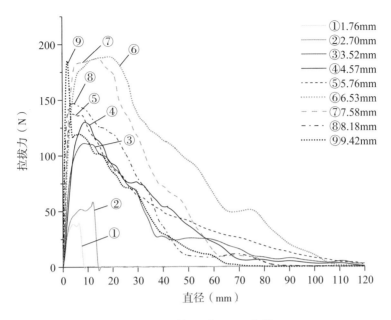

图例：
① 1.76mm
② 2.70mm
③ 3.52mm
④ 4.57mm
⑤ 5.76mm
⑥ 6.53mm
⑦ 7.58mm
⑧ 8.18mm
⑨ 9.42mm

J. 第 13 组 *F-S* 曲线

图 5-6（续）

由图 5-6 所示的 13 组曲线中可知，单根拉拔摩擦的 *F-S* 曲线基本呈现出单峰值的特征。在开始阶段，单根的拉拔摩擦力随着根土相对位移的增加而增加，达到峰值后随着根土相对位移的增加而减少，然后趋于稳定。每一组的曲线皆包含了 9 条在同一条件下不同直径的样本（剔除个别试验失败样本），且样本在直径区间内均匀分布。在 13 组曲线中，有些曲线出现了最大摩擦力大于类似直径应具有的最大摩擦力情况，如第 11 组 *F-S* 曲线中，7.71mm 直径单根的最大摩擦力是这组数据中的最大的，这是由于根系表面粗糙程度、节点状况和弯折程度对试验结果有一定影响，但从总体来看试验数据是具有一定变化趋势的。由这 13 组 *F-S* 曲线，可以发现每一条曲线都具有某些普遍的特征点，这些特征点可归纳为 3 种：

①最大峰值点对应的拉拔力。该点为曲线图像中的最大峰值点投影到纵坐标上的点，其数值表示单根拉拔过程中的最大拉拔力 F_{max}。

②最大峰值点对应的位移。该点为曲线图像中的最大峰值点投影到横坐标上的点，其数值表示单根拉拔过程中图像最大峰值点处的根土相对位

移数值，记为峰值点位移 S_m。

③曲线图像与纵坐标相交的力特征点。在单根与土壤开始发生相对位移时，F–S 曲线起点并非从原点开始，说明初始较小的拉拔力并不能使根土之间发生相对位移，当拉拔力增加到一定数值之后二者之间才产生相对移动，故定义该点数值为初始拉拔力 F_i。

由此可以总结得到描述 F–S 曲线的 3 个特征量：最大拉拔力 F_{max}、峰值点位移 S_m、初始拉拔力 F_i，如图 5-7 所示。

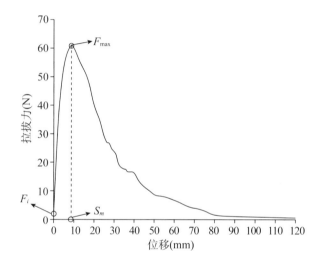

图 5-7　单根拉拔 F–S 曲线及 3 个特征量

在林木单根拉拔开始阶段的曲线形态趋于直线，该直线的斜率，类比弹性模量的概念，这个斜率描述了根土界面相互作用的抗滑移刚度，也就是根土相对位移随着拉拔力的增加而上升的速度。

单根拉拔摩擦试验中的加载是通过试验仪器控制根土相对位移量而均匀增加的，在试验加载速度不变的情况下，根据受力平衡可得试验仪器加载的拉拔力等于根土界面的摩擦力。因此，在进行数据分析和讨论时，可将试验曲线中拉拔力等效为根土界面摩擦力。为了便于分析描述，本文中的最大拉拔力皆称为最大摩擦力 F_m。

结合 13 组的 F–S 曲线，对照前文关于单根破坏模式的讨论，对根系拉拔过程进行分析。图 5-8 至图 5-10 分别为林木单根在被拔出破坏、被

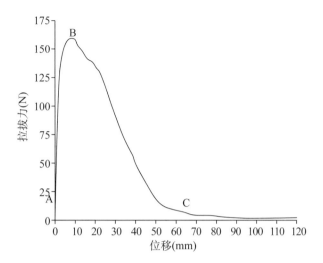

图 5-8 被完全拔出破坏模式 *F-S* 曲线

拔断破坏和表皮滑脱破坏时的 *F-S* 曲线。在讨论分析过程中，将根系与土壤所组成的界面结构视为弹塑性结构。

（1）林木单根被完全拔出的破坏模式 根据图 5-8 单根被完全拔出破坏的 *F-S* 曲线，可将其分为 3 个阶段：

①第一阶段为 AB 阶段。该阶段为急速上升段，试验开始时曲线形状趋于直线上升，表明在拉拔力的作用下，单根与土壤开始发生相对错动，摩擦力随着位移的增加而明显上升，此时的根土界面结构处于近似弹性状态，弹性模量为直线斜率。随着试验加载位移不断增加，图像不再呈现直线状态，曲线斜率（大于 0）不断减小，直至曲线图像到达最大峰值点（B点），在这一过程中根土界面结构已出现塑性变形，处于弹塑性状态。

②第二阶段为 BC 阶段。该阶段为缓慢下降段，由于 AB 阶段的摩擦力和根土相对位移不断增加，当摩擦力到达最大摩擦力 F_m 时，根土界面结构开始出现界面破坏。在 B 点之后，随着根土相对位移的增加，根土界面结构破坏越来越严重，根土接触面积越来越小，摩擦力随之下降。

③第三阶段为 CD 阶段。该阶段为平缓段，且最终稳定趋于零。此时由于根土界面结构基本已经破坏，摩擦力基本丧失，仅有部分凸起的根系表皮与土壤颗粒发生微小摩擦力。图 5-6 的大部分试验曲线符合上述规律，属于被完全拔出破坏模式。

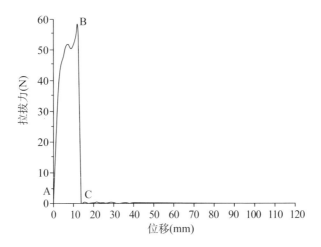

图 5-9　被拔断破坏模式 F–S 曲线

（2）林木单根被拔断破坏模式　根据图 5-9 的单根被拔断 F–S 曲线，可将单根拉拔过程分为 2 个阶段：

①第一阶段为 AB 段。该阶段为急速上升段，根土界面结构情况与被拔出破坏模式情况相似，初始为近似弹性状态，在达到 B 点之前已经出现塑性变形。但区别在于被拔断破坏模式在到达最大摩擦力 F_m 时曲线图像会出现很明显且尖锐的拐点。

②第二阶段为 BC 段。该阶段为陡峭下降段，由于单根被拉断，拉拔力急速下降接近至零。对于之后的拉拔过程，由于单根被拉断，已无讨论意义，对此不再详述。图 5-6 中属于这种破坏模式的有第 3 组的 1.90mm、第 6 组的 4.34mm、第 12 组的 2.70mm 等试验结果表示的试验曲线。

（3）单根表皮滑脱破坏模式　对于该破坏模式，此时的关注点已不是根土界面结构，而是单根中木质部与表皮的粘连界面。根据图 5-10 的表皮滑脱破坏 F–S 曲线，可将拉拔过程分为 3 个阶段：

①第一阶段为 AB 段。该阶段为上升段，上升的幅度相较于被完全拔出破坏模式要小，试验初始木质部与表皮的粘连界面也会处于近似弹性状态，随着加载位移的增加，开始出现塑性变形，直至最大峰值点（B 点）。

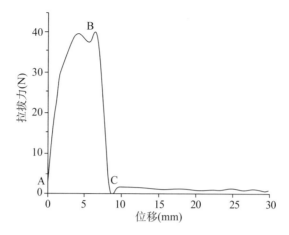

图 5-10 表皮滑脱破坏模式 F–S 曲线

②第二阶段为 BC 阶段。该阶段为下降段，下降的幅度相较于被完全拔出破坏模式要大，但又比被拔断破坏模式要小，这是由于根系木质部与表皮的粘连界面发生破坏后，界面中存在植物体液，起到了一定润滑剂作用。

③第三阶段为 CD 阶段。该阶段拉拔力趋于平稳，变化不大。图 5-6 中属于这种破坏模式的有第 5 组的 2.69mm 和第 6 组的 2.70mm 等试验结果表示的试验曲线。

归纳起来通过试验和分析发现单根拉拔破坏模式有 3 种：①被完全拔出破坏，F–S 曲线分为 3 个阶段即急速上升段，缓慢下降段和平缓段；②被拔断破坏，F–S 曲线分为 2 个阶段，即急速上升段和陡峭下降段；③表皮滑脱破坏，F–S 曲线分为 3 个阶段，即上升段、下降段和平缓段。第二种破坏模式（被拔断破坏）可进一步分为自由端被拔断破坏，土壤中被拔断破坏和夹断破坏，夹断破坏视为试验失败。此外从单根拉拔的 F–S 曲线中可以得到 3 个曲线特征值，即最大拉拔力 F_{max}、峰值点位移 S_m 和初始拉拔力 F_i，并根据单根拉拔受力情况定义最大摩擦力 F_m 等于最大拉拔力 F_{max}。

5.3 林木单根与土壤界面摩擦特性

5.3.1 根系直径对根系与土壤界面拉拔摩擦特性的影响

利用 13 组根系拉拔试验的四类不同试验设计的结果，依次改变试验条件，各取一组（第 3、6、9、13 组）样本，见表 5-4，以此确定最大摩擦力与直径的关系，如图 5-11 所示。

表 5-4　不同条件下根系拔出试验样本参数

T	L_d(mm)	V(mm/s)	W_s（%）	ρ_s(g/cm^3)	D_{min}(mm)	D_{max}(mm)
1	150	0.2	15.18	1.46	1.90	10.50
2	150	4.5	15.18	1.46	1.37	9.23
3	150	0.2	17.18	1.46	1.88	9.50
4	150	0.2	15.18	1.56	1.76	9.42

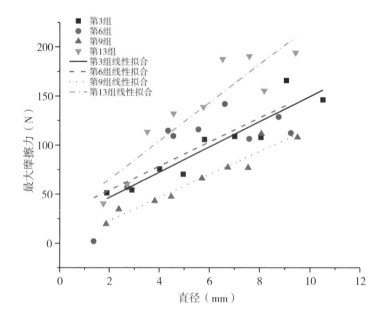

图 5-11　不同条件下不同直径单根拉拔的最大摩擦力

从图 5-11 中可以看出，单根与土壤的最大摩擦力与单根直径呈较显著的线性正相关关系，其回归方程如下：

第 3 组：$F_{max}=12.88D_r+20.84$ $(R^2=0.88，P<0.05)$ （5-1）

第 6 组：$F_{max}=12.28D_r+24.22$ $R^2=0.58，P<0.05)$ （5-2）

第 9 组：$F_{max}=11.73D_r-0.35$ $R^2=0.94，P<0.05)$ （5-3）

第 13 组：$F_{max}=19.52D_r+26.17$ $(R^2=0.83，P<0.05)$ （5-4）

式中：F_{max} 为根系与土壤最大摩擦力；D_r 为单根直径。

第 3 组、第 9 组和第 13 组具有显著的线性相关性，但第 6 组如前文已描述过的，由于在单根拉拔过程中被拔断破坏的单根较多，造成其相关性不是十分显著。但总体而言，最大摩擦力是随着根系直径的增大而呈线性增大的。这是由于随着单根直径的增大，单根与土壤接触面积增大，所受周围土体的压力就增大。研究中发现摩擦力随根径的变化规律同时也可以用幂函数进行拟合，但根据滑动摩擦力的计算方法，这是一个线性关系，故认为线性能更好地描述单根直径与摩擦力的本质关系和影响规律。

从图 5-6 的 13 组试验曲线中可以得到最大峰值对应的位移值 S_m，但 F–S 曲线明显表明，峰值点位移并未随着单根直径的变化有较大幅度的变化。相反，大部分曲线的峰值点位移都比较接近，只有在加载速度为 4.5mm/s 时，峰值点位移出现了较大的随机性，但由于该组样本仅 9 个，难以从中得到规律性的结论。从图 5-6 中，还可以看出随着直径的增加，F–S 曲线中达到峰值之前部分的曲线斜率也随之增加，说明单根直径越大，根土界面结构的抗滑移刚度也就越大。

图 5-12 为单根初始拉拔力与单根直径的关系图，从图中可以看出单根直径影响着初始拉拔力的大小，随着直径的增加初始摩擦力也增加。但初始拉拔力也受其他因素的影响，如根系表面粗糙程度、节点状况、根系弯曲偏折程度等。很显然根系表面粗糙程度越大，节点越多，弯折程度越大，林木根系（单根）越不容易发生与土壤的相对位移，从而造成初始拉拔力变大。因此，影响单根初始拉拔力的因素，除了单根直径外，单根表面粗糙程度、节点状况和弯折程度都对此产生重要的影响。这也在一定程度上解释了在这 13 组试验中，有些样本直径较小，但初始拉拔力较大的情况。但从总体趋势来看，根系直径越大，初始拉拔力也就越大。

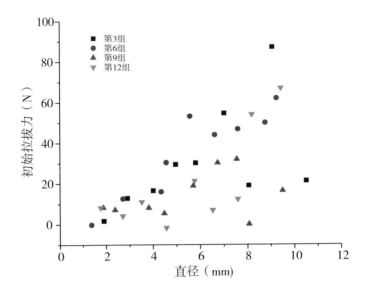

图 5-12　不同条件下不同直径单根拉拔的初始摩擦力

对比第 4 章的研究结果可知，无论是单根的拉伸力还是拉拔力均是随着其直径的增加而加大，拉伸力与单根直径间更加符合幂函数关系，而拉拔摩擦力与单根直径间的变化关系利用线性函数和幂函数均可以描述，幂函数的相关性更好一些。

5.3.2　埋深对根系与土壤界面拉拔摩擦特性的影响

图 5-6A~C 三组曲线是在相同含水率、相同加载速度和相同土体干密度下时，单根埋深分别为 50mm、100mm 和 150mm 条件下得到的，图 5-13 至图 5-15 是根据这三组曲线确定的不同埋深条件下的单根不同直径与最大摩擦力、单根不同直径与峰值点位移、单根不同直径与初始摩擦力的关系曲线。

图 5-13 单根不同直径与最大摩擦力的拟合方程如下：

埋深 50mm：$F_m=3.69D_r + 7.13$ 　　　（$R^2 = 0.84$，$P < 0.05$）　　　（5-5）

埋深 100mm：$F_m=7.57D_r+18.79$ 　　　（$R^2 = 0.83$，$P < 0.05$）　　　（5-6）

埋深 150mm：$F_m=12.88D_r+20.84$ 　　　（$R^2 = 0.88$，$P < 0.05$）　　　（5-7）

式中：F_m 为根系与土壤最大摩擦力；D_r 为根系直径。

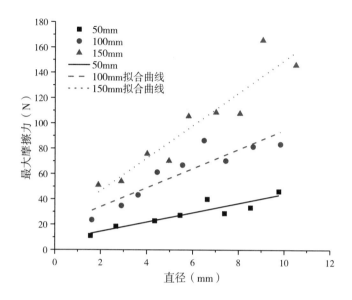

图 5-13　不同埋深单根拉拔最大摩擦力

　　三组回归方程的 R^2 分别为 0.84、0.83 和 0.88，都有较显著的线性相关性。由图 5-13 可知，随着埋深的增加，单根与土壤间的最大拉拔摩擦力也相应的增加，也就是说随着植物根系的不断向下生长，植物稳定土体的能力越强，边坡的稳定性也越高。

　　不同埋深的单根与土壤界面最大摩擦力的协方差分析结果见表 5-5，从表中可以看出，不同埋深下的油松根土界面最大摩擦力差异显著（$P <$ 0.001），直径和埋深均对最大摩擦力产生显著影响（$P <$ 0.05），埋深和直径存在交互作用。

　　不同埋深油松根系与土壤界面最大摩擦力的多重比较结果见表 5-6，埋深分别为 50mm，100mm 和 150mm 时，不同埋深的油松根土界面最大摩擦力相互之间均达到极显著差异水平（$P <$ 0.001）。埋深为 150mm 时的最大摩擦力最大，埋深为 50mm 时的最大摩擦力最小。说明随着埋深的增加，油松根土界面的作用力增强，根系生长得越深对保持土壤稳定的效果就越明显。

表 5-5　不同埋深油松根系与土壤界面最大摩擦力的协方差分析表

源	III 型平方和	df	均方	F	Sig.
校正模型	333845.208ᵃ	5	66769.042	199.863	0.000
截距	7.667	1	7.667	0.023	0.880
埋深	4188.168	2	2094.084	6.268	0.004
直径	194725.910	1	194725.910	582.881	0.000
埋深 × 直径	41004.578	2	20502.289	61.370	0.000
误差	16369.660	49	334.075		
总计	1188328.031	55			
校正的总计	350214.868	54			

注：a. $R^2 = 0.953$（调整后 $R^2 = 0.948$）。

表 5-6　不同埋深油松根系与土壤界面摩擦力的多重比较

埋深（L_{d_1}）（mm）	埋深（L_{d_2}）（mm）	均值差值（$L_{d_1} - L_{d_2}$）	标准误差	Sig.	95% 置信区间	
					下限	上限
50.00	100.00	−62.705*	6.028	0.000	−74.818	−50.591
	150.00	−91.717*	6.026	0.000	−103.827	−79.607
100.00	50.00	62.705*	6.028	0.000	50.591	74.818
	150.00	−29.012*	6.123	0.000	−41.317	−16.708
150.00	50.00	91.717*	6.026	0.000	79.607	103.827
	100.00	29.012*	6.123	0.000	16.708	41.317

注：* 均值差值在 0.05 水平上差异显著。

　　图 5-14 显示的是不同埋深条件下不同直径单根的峰值点位移分布情况，如前文所述，单根直径似乎并未与峰值点位移有明显的相关关系；在同一埋深下的不同直径，其峰值点位移值有大有小。但是，在不同埋深条件下，峰值点位移有明显的规律变化，见表 5-7；从表中可以得到：埋深为 50mm、100mm 和 150mm 的各直径单根峰值点位移均值分别为 2.69mm、4.51mm 和 8.00mm。而且随着埋深等差增大 50mm，位移值分别增大了 68%、70%，说明影响峰值点位移的主要因素并非是单根直径，而是单根埋深，埋深越大，峰值点位移就越大。

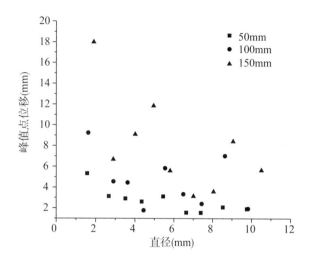

图 5-14　不同埋深单根拉拔峰值点位移

表 5-7　不同埋深峰值点位移均值

埋深 （mm）	样本数	均值 （mm）	标准误	标准差	均值95% 置信区间		极大值	极小值	增大百分比 （%）
					下限	上限			
50	9	2.69	0.39	1.17	1.79	3.59	5.34	1.55	
100	9	4.51	0.84	2.51	2.58	6.44	9.24	1.78	68 77
150	9	8.00	1.55	4.64	4.43	11.57	18.00	3.13	

　　图 5-15 为单根不同直径与初始摩擦力的关系图，如前文所述，初始摩擦力受根系表面节点状况、根系弯曲偏折程度影响很大，故单根初始摩擦力与直径的相关关系并不像单根最大摩擦力与直径那样具有显著的相关性。由图中数据点的分布可知，直径的大小对初始摩擦力有一定的影响。且在根系直径相近的情况下，埋深越大，初始摩擦力也就越大，不难理解，如果其他条件一致，埋深越大的单根与土壤的接触面积就越大，使得单根初始摩擦力变大。

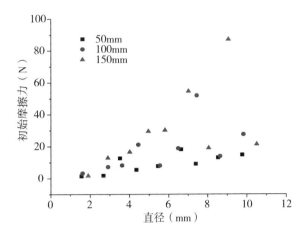

图 5-15 不同埋深单根拉拔初始摩擦力

5.3.3 加载速度对根系与土壤界面拉拔摩擦特性的影响

从图 5-6 D ~ F 三组曲线是在相同含水率、相同埋深和相同土体干密度下时，加载速度分别为 0.2 mm/s、2 mm/s 和 4.5 mm/s 条件下得到的不同单根直径与最大摩擦力、峰值点位移和初始摩擦力的关系曲线，如图 5-16 至图 5-18 所示。

图 5-16 表示的是不同加载速度情况下单根直径与最大摩擦力间的线性拟合结果，其回归方程如下：

加载速度 0.2mm/s：$F_m = 12.88D_r + 20.84$ （$R^2 = 0.87$，$P < 0.05$） （5-8）

加载速度 2.0mm/s：$F_m = 11.27D_r + 41.90$ （$R^2 = 0.80$，$P < 0.05$） （5-9）

加载速度 4.5mm/s：$F_m = 6.48D_r + 70.69$ （$R^2 = 0.36$，$P > 0.05$） （5-10）

式中：F_m 为根系与土壤最大摩擦力；D_r 为单根直径。

根据上述拟合方程可以看出，在加载速度为 0.2mm/s 和 2mm/s 时，最大摩擦力与直径呈显著线性正相关关系。但加载速度在 4.5mm/s 时，最大摩擦力和直径并未呈现显著线性相关关系，这是由于在加载速度大的情况下，直径较小的单根容易发生被拔断破坏，而且加载速度过快容易使得摩擦力的峰值点位移增加速度过快，造成相对于低加载速度情况下，峰值点位移偏高，最大摩擦力偏低。但从总体的数据分布来看，在加载速度为 4.5mm/s 情况下最大摩擦力还是会随着直径的增加有一定的增加。而在单根直径相近的情况下，随着加载速度的成倍增加，最大摩擦力并未出现太大的增大。试验结果表明，根径越小加载速率对根土界面的摩擦力影响越显著，这也与其他研究者的成果一致。

不同加载速度下的油松单根与土壤界面最大摩擦力的协方差分析结果见表5-8。从表中可以看出，加载速度对根土界面的最大摩擦力影响显著，但是并非所有加载速度之间的差异均达到显著水平，直径对根土界面最大摩擦力有显著影响，加载速度和直径之间无交互作用。

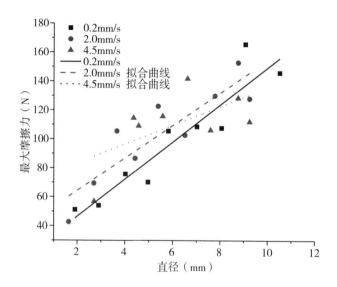

图 5-16　不同加载速度单根拉拔最大摩擦力

表 5-8　不同加载速度下油松单根与土壤界面最大摩擦力的协方差分析表

源	III 型平方和	df	均方	F	Sig.
校正模型	413322.560ᵃ	7	59046.080	45.259	0.000
截距	14298.517	1	14298.517	10.960	0.002
加载速度	1804.061	3	601.354	0.461	0.711
直径	297748.408	1	297748.408	228.225	0.000
加载速度 × 直径	5786.335	3	1928.778	1.478	0.229
误差	78277.469	60	1304.624		
总计	1493193.820	68			
校正的总计	491600.029	67			

注：a. $R^2 = 0.841$（调整后 $R^2 = 0.822$）。

从表 5-9 中可看出，加载速度为 0.2mm/s 时的油松单根界面最大摩擦力与加载速度为 0.8mm/s 时的最大摩擦力差异不显著，与加载速度为 2.0mm/s 时的最大摩擦力在 0.05 水平上差异显著，与加载速度为 4.5mm/s 时的最大摩擦力在 0.001 水平上差异显著；加载速度为 0.8mm/s 时的根土界面最大摩擦力与加载速度为 0.2mm/s 和 2.0mm/s 时的最大摩擦力差异不显著，与加载速度为 4.5mm/s 时的最大摩擦力在 0.001 水平上差异显著；加载速度为 2.0mm/s 时的根土界面最大摩擦力与加载速度为 0.2mm/s 时的最大摩擦力在 0.05 水平上差异显著，与加载速度为 0.8mm/s 时的最大摩擦力差异不显著，与加载速度为 4.5mm/s 时的最大摩擦力在 0.001 水平上差异显著；加载速度为 4.5mm/s 时的根土界面最大摩擦力与其余各加载速度之间均达到极显著差异（$P < 0.001$）。这说明在加载速度差异小于 0.8mm/s 时的相邻加载速度之间的根土界面最大摩擦力差异不显著，当加载速度差异变大时，最大摩擦力的变化差异显著，加载速度对最大摩擦力的影响也是有一定的范围的。

表 5-9　不同加载速度下油松根土与土壤界面最大摩擦力的多重比较

加载速度（V_1）（mm/s）	加载速度（V_2）（mm/s）	均值差值（V_1-V_2）	标准误差	Sig.	95% 置信区间	
					下限	上限
0.2	0.8	21.695	11.938	0.074	−2.184	45.575
	2.0	33.713*	12.062	0.007	9.585	57.841
	4.5	99.111*	13.718	0.000	71.670	126.551
0.8	0.2	−21.695	11.938	0.074	−45.575	2.184
	2.0	12.018	11.961	0.319	−11.907	35.942
	4.5	77.415*	13.629	0.000	50.154	104.677
2.0	0.2	−33.713*	12.062	0.007	−57.841	−9.585
	0.8	−12.018	11.961	0.319	−35.942	11.907
	4.5	65.398*	13.738	0.000	37.918	92.878
4.5	0.2	−99.111*	13.718	0.000	−126.551	−71.670
	0.8	−77.415*	13.629	0.000	−104.677	−50.154
	2.0	−65.398*	13.738	0.000	−92.878	−37.918

注：* 均值差值在 0.05 水平上差异显著。

从图 5-17 可明显看出，在不同加载速度条件下，峰值点位移与单根直径二者之间没有明显的相关性。从表 5-10 可知，加载速度为 0.2 mm/s 时峰值点位移均值为 8.00mm，加载速度为 2.0mm/s 时峰值点位移均值为 8.60mm，加载速度为 4.5mm/s 时峰值点位移均值为 12.87mm，可以看出随着加载速度的增加，峰值点位移增加。

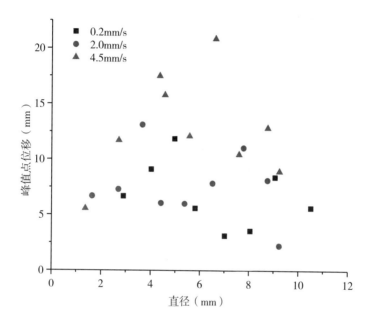

图 5-17　不同加载速度单根拉拔峰值点位移

表 5-10　不同加载速度峰值点位移均值

加载速度（mm/s）	数目	均值（mm）	标准误	标准差	均值95%置信区间		极大值	极小值
					下限	上限		
0.2	9	8.00	1.55	4.64	4.43	11.57	18.00	3.13
2.0	9	8.60	0.85	2.56	6.64	10.57	13.11	6.06
4.5	9	12.87	1.54	4.62	9.32	16.42	20.88	5.55

图 5-18 表示在不同的加载速度下，初始摩擦力与直径间的关系，对此进行线性拟合后得回归方程：

加载速度 0.2mm/s：$F_i = 5.04D_r - 0.01$　　$(R^2 = 0.32，P > 0.05)$　　（5–11）

加载速度 2.0mm/s：$F_i = 8.32D_r - 7.88$　　$(R^2 = 0.54，P < 0.05)$　　（5–12）

加载速度 4.5mm/s：$F_i = 7.35D_r - 6.45$　　$(R^2 = 0.85，P > 0.05)$　　（5–13）

式中：F_i 为单根与土壤初始摩擦力；D_r 为单根直径。

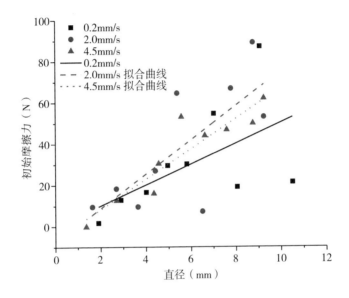

图 5–18　不同加载速度单根拉拔初始摩擦力

由上述拟合方程可知，在不同的加载速度下，初始摩擦力的大小与直径具有一定正相关关系。同时从图 5–18 中可以看出，在直径相近的情况下，加载速度的变化并未引起初始摩擦力有太大的改变。

5.3.4　土壤含水量对根系与土壤界面拉拔摩擦特性的影响

图 5–6C、图 5–6F~H 四组曲线是在相同埋深、相同加载速度和相同土体干密度下时，土壤含水率分别为 13.18%、15.18%、17.18% 和 31.11% 条件下得到的不同单根直径与最大摩擦力、峰值点位移和初始摩擦力的关系曲线。

图 5–19 表示在上述 4 种不同含水率情况下，单根直径与最大摩擦力间的线性拟合结果，其回归方程如下：

土壤含水率 13.18%：$F_m=13.05D_r - 3.61$ ($R^2 = 0.82$，$P < 0.05$)（5-14）

土壤含水率 15.18%：$F_m=12.45D_r + 18.71$ ($R^2 = 0.88$，$P < 0.05$)（5-15）

土壤含水率 17.18%：$F_m=11.73D_r - 0.35$ ($R^2 = 0.93$，$P < 0.05$)（5-16）

土壤含水率 31.11%：$F_m=7.18D_r - 5.78$ ($R^2 = 0.81$，$P < 0.05$)（5-17）

式中：F_m 为单根与土壤最大摩擦力；D_r 为单根直径。

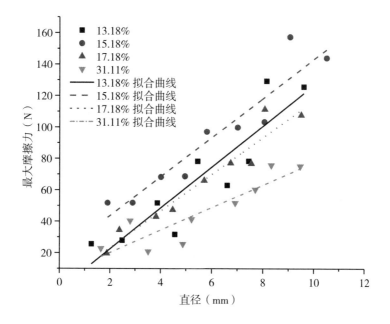

图 5-19 不同土壤含水率单根拉拔最大摩擦力

由线性拟合方程可知，在不同的土壤含水率情况下，单根直径与最大摩擦力有很显著的线性正相关关系。观察图 5-19 中的拟合结果，可以发现在单根直径相近的情况下，当土壤含水率为 15.18%，其对应的最大摩擦力比其他 3 个条件下的最大摩擦力要高，说明最大摩擦力会在土壤含水率较低时随着土壤含水率的增加而增加；当土壤含水率到达某个阈值含水率之后，最大摩擦力会随着土壤含水率的增加而降低，而这个阈值含水率在 15.18 %~17.18% 之间。这是由于当土壤含水率较低时，土粒与土粒之间的间隙较大，造成了土壤与根系表面接触面积较低；而随着土壤含水率的增加，土粒与土粒间由于水的黏合作用而结合更紧密，间隙变小，使得土壤与根系表面接触面积增加，摩擦力也增加。但当土壤中的水分过多时，会在土粒表面形成水膜，降低了土粒与土粒间的咬合力，同时也降低了土粒与根系表面的结合能力，此时的水相当于润滑剂，从而降低了根系与土壤界面的摩擦力。

不同土壤含水率单根与土壤界面最大摩擦力的协方差分析结果见表5-11。从表中可以看出，土壤含水率对林木根土界面最大摩擦力影响显著（$P < 0.001$），但并非所有土壤含水率之间的差异都达到显著水平，直径对根土界面最大摩擦力产生显著影响，直径和土壤含水率存在交互作用（$P < 0.001$）。

表5-11 不同土壤含水率油松根系与土壤界面最大摩擦力的协方差分析表

源	III 型平方和	df	均方	F	Sig.
校正模型	1.006×10^{6}	7	143781.938	546.928	0.000
截距	42852.053	1	42852.053	163.004	0.000
土壤含水率	699.547	3	233.182	0.887	0.451
直径	915664.552	1	915664.552	3483.071	0.000
土壤含水率 × 直径	7600.275	3	2533.425	9.637	0.000
误差	21556.982	82	262.890		
总计	3674069.854	90			
校正的总计	1028030.547	89			

不同土壤含水率油松根系与土壤界面最大摩擦力的多重比较结果见表5-12，土壤含水率为13.18%时的根土界面最大摩擦力与含水率为15.18%时的最大摩擦力差异不显著（$P=0.092$），与含水率为17.18%和31.11%时的最大摩擦力在0.001水平上差异极显著；土壤含水率为15.18%时的根土界面最大摩擦力与除含水率为13.18%的最大摩擦力外均达到极显著水平（$P < 0.001$）；土壤含水率为17.18%时的根土界面最大摩擦力与含水率为31.11%时的最大摩擦力在0.05水平上差异显著，与含水率13.18%和15.18%时的最大摩擦力在0.001水平上差异显著；土壤含水率为31.11%时的根土界面最大摩擦力与含水率为13.18%和15.18%时的最大摩擦力在0.001水平上差异显著，与含水率为17.18%时的最大摩擦力在0.05水平上差异显著。说明在一定的土壤含水率变化范围内，土壤含水率对油松根土

界面最大摩擦力的影响不显著，但随着含水率变化的增大，最大摩擦力差异变化显著。

表5-12　不同土壤含水率油松根系与土壤界面最大摩擦力的多重比较

(I) 土壤含水率（％）	(J) 土壤含水率（％）	均值差值(I−J)	标准误差	Sig.	95% 置信区间	
					下限	上限
13.18	15.18	−7.992	4.681	0.092	−17.303	1.320
	17.18	−37.498*	5.405	0.000	−48.250	−26.746
	31.11	−26.592*	5.405	0.000	−37.344	−15.840
15.18	13.18	7.992	4.681	0.092	−1.320	17.303
	17.18	−29.507*	4.681	0.000	−38.818	−20.195
	31.11	−18.600*	4.681	0.000	−27.911	−9.289
17.18	13.18	37.498*	5.405	0.000	26.746	48.250
	15.18	29.507*	4.681	0.000	20.195	38.818
	31.11	10.906*	5.405	0.047	0.155	21.658
31.11	13.18	26.592*	5.405	0.000	15.840	37.344
	15.18	18.600*	4.681	0.000	9.289	27.911
	17.18	−10.906*	5.405	0.047	−21.658	−0.155

注：* 均值差值在 0.05 水平上差异显著。

含水率是土壤的主要物理性质之一，并随着天气的变化而发生变化。分析不同土壤含水率下植物根系与土壤界面的摩擦锚固作用差异将能为研究不同水文和气象条件下的植物固坡能力提供依据。

图5-20 为上述 4 种不同土壤含水率情况下单根直径与峰值点位移的关系，研究分析发现在不同土壤含水率条件下，峰值点位移不会随着单根直径的增加而出现规律性变化；且在直径相近情况下，土壤含水率不会对峰值点位移产生影响。从不同土壤含水率下的峰值点位移均值来看，土壤含水率为 13.18% 时位移均值为 6.15mm，土壤含水率为 15.18% 时位移均值为 8.00mm，土壤含水率为 17.18% 时位移均值为 6.77mm，土壤含水率为 31.11% 时位移均值为 6.34mm，由此可见土壤含水率对峰值点位移有一定的影响，总体趋势上遵循先增大后减小的规律。

图5-21 为 4 种不同含水率条件下单根直径与初始摩擦力的关系，可以明显看出在单根直径相近的条件下，当含水率为 15.18% 时的初始摩擦力普

遍比其他 2 种含水率条件下的初始摩擦力要大。说明初始摩擦力的变化规律
与前文所述的最大摩擦力变化规律是一致的，即呈现先增大后减小的规律。

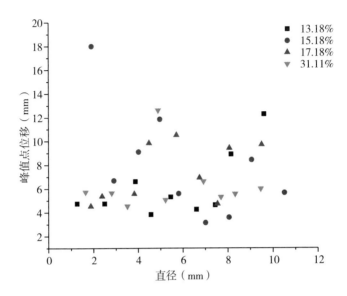

图 5-20　不同土壤含水率单根拉拔峰值点位移

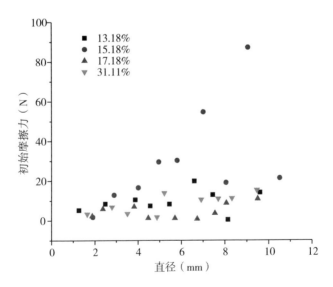

图 5-21　不同土壤含水率单根拉拔初始摩擦力

5.3.5　土体干密度对根系与土壤界面拉拔摩擦特性的影响

图 5–6C、图 5–6I~J 表示在相同埋深、相同加载速度和相同土壤含水率时，在土体干密度分别为 1.38g/cm³、1.46g/cm³ 和 1.56g/cm³ 情况下，单根直径与最大摩擦力、峰值点位移和初始摩擦力的关系。根据上述试验结果可得图 5–22 至图 5–24。

图 5–22 表示在 3 种不同土体干密度条件下根直径与最大摩擦力间的关系，其回归方程如下：

土体干密度 1.38g/cm³：$F_m = 4.88D_r + 28.39$ $(R^2 = 0.78，P < 0.05)$ （5–18）

土体干密度 1.46g/cm³：$F_m = 12.88D_r + 20.84$ $(R^2 = 0.88，P < 0.05)$ （5–19）

土体干密度 1.56g/cm³：$F_m = 19.52D_r + 26.17$ $(R^2 = 0.84，P < 0.05)$ （5–20）

式中：F_m 为根系与土壤最大摩擦力；D_r 为单根直径。

由拟合方程可知三组不同土体干密度下的根土最大拉拔摩擦力与单根直径呈线性正相关关系。

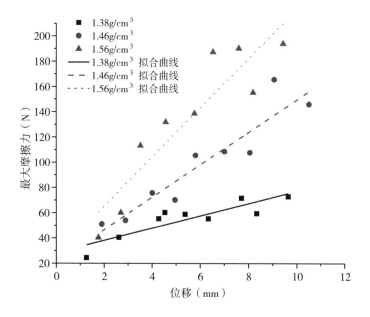

图 5–22　不同土体干密度单根拉拔最大摩擦力

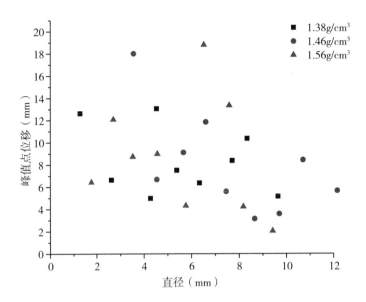

图 5-23　不同土体干密度单根拉拔峰值点位移

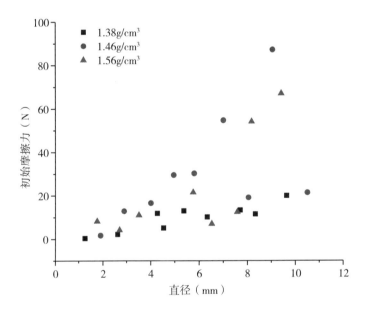

图 5-24　不同土体干密度单根拉拔初始摩擦力

由图 5-22 可知，在单根直径相近的情况下，土体干密度越大，根土最大拉拔摩擦力也就越大，这是因为随着土体干密度的增加，土粒间的间隙减小，土壤中土粒与根系表面的接触面积增加，导致摩擦力随之增加。

图 5-23 表示在不同土体干密度条件下单根直径与峰值点位移的关系，由图可知在不同土体干密度条件下，当根系直径相近时，峰值点位移变化没有明显的规律性。

图 5-24 表示在不同土体干密度条件下单根直径与初始摩擦力间的关系，从图中总体趋势可以看出在同一土体干密度情况下，初始摩擦力会随着直径增加而增加。但在所研究的相同单根直径范围内，随着土体干密度的增加，初始摩擦力总体没有明显的变化规律。

5.3.6 重复加载对单根与土壤界面拉拔摩擦特性的影响

除了探讨上述根系直径、根系埋深、土壤含水率、土体干密度和加载速度对单根与土壤界面摩擦力的影响外，还考虑了重复加载对单根与土壤界面摩擦力的影响，同时这也是后面的群根根系与土壤界面摩擦特性研究的基础。其目的是希望探究单根在短时间内进行 2 次拉拔试验的结果是否一致，若不一致其间又遵循怎样的变化规律。

试验使用树种为油松，埋深为 150mm，加载速度为 0.2mm/s，土壤含水率为 15.18%，土体干密度为 1.46g/cm³。本次单根重复拉拔试验结果如图 5-25 至图 5-27 所示。

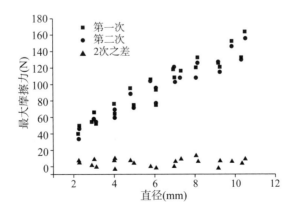

图 5-25 2 次单根拉拔下不同直径的最大摩擦力

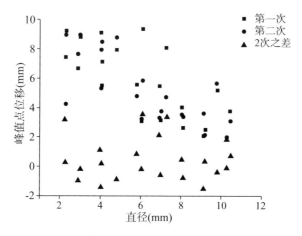

图 5-26　2 次单根拉拔下不同直径的峰值点位移

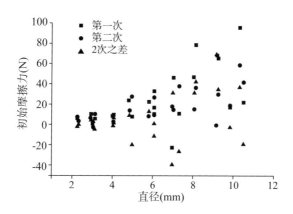

图 5-27　2 次单根拉拔下不同直径的初始摩擦力

　　研究方法主要是对比 2 次拉拔试验后单根最大摩擦力、峰值点位移和初始摩擦力的变化情况。从图 5-25 中可以很明显地看出，单根 2 次拉拔的最大摩擦力变化不大，试验结果表明：同一单根在进行 2 次拉拔试验的最大摩擦力结果基本不变。从图 5-26 中可以看出，单根 2 次拉拔峰值点位移结果的差值主要分布在 0 值附近，由此可以认为：同一单根进行 2 次拉拔试验的峰值点位移可近似看成不变。

　　从图 5-27 可知，同一单根在进行 2 次拉拔试验的初始摩擦力结果是不一样的，且随着直径的增加，2 个初始摩擦力大小差异会越来越明显。前文所讨论的影响初始摩擦力的因素中，根系表面的粗糙程度、节点情况和弯折情况对根系初始摩擦力影响较大，而进行过 1 次拉拔试验的根系样本，其表皮已经出现了破坏情况，造成表面粗糙程度发生改变，从而造成 2 次拉拔的初始摩擦力大小差异明显。且单根直径越大，与土壤接触的表皮面积越大，在经历过 1 次拉拔试验之后，表皮破损面积就越大，这就解释了初始摩擦力之差随着单根直径的增加而越来越大。

5.3.7 树种对根系与土壤界面拉拔摩擦特性的影响

试验共设计了 5 个树种（油松、华北落叶松、白桦、榆树和蒙古栎），研究了树种不同条件下 5 组根系与土壤界面拉拔摩擦性能，发生根系拔断破坏的共有 65 个，发生拔出破坏的有 23 个，有关试验根系的破坏模式统计见表 5–13。

表 5–13　不同树种单根拉拔摩擦试验的破坏模式统计

T_{srn}	树种	L_r (mm)	V (mm/min)	W_s	ρ_s (g/cm³)	D_{rmax} (mm)	D_{rmin} (mm)	N_r 拔断	N_r 拔出
1	油　松	150	10	12.72	1.32	9.51	1.27	4	14
2	白　桦	150	10	12.72	1.52	9.59	1.47	4	15
3	华北落叶松	150	10	12.72	1.52	9.34	1.55	8	10
4	榆　树	150	10	12.72	1.52	9.10	1.69	4	15
5	蒙古栎	150	10	12.72	1.52	8.11	1.39	3	13

注：T_{srn}——根系试验序号；L_r——根系埋深；V——加载速度；D_{rmax}——试验测定的最大单根直径；D_{rmin}——试验测定的最小单根直径；W_s——土壤含水率；ρ_s——土壤干密度；N_r——发生不同破坏模式的根系数量。

从表 5–13 可以看出，所选不同树种的单根直径在 1 ~ 10mm 范围以内，且每组试验所选取的根系都较均匀地分布在 1 ~ 10mm 的直径范围内，目的是利于正确地研究与分析不同树种、不同直径下单根与土壤界面拉拔摩擦性能。华北落叶松 18 个有效根系拔出试验结果中，有 8 个根系发生了拔断破坏，发生拔断破坏的落叶松单根直径为 4.13mm，而同样试验条件下的其他树种，发生拔断破坏的最大直径分别为：油松 2.57mm、白桦

3.2mm、榆树 4.21mm 和蒙古栎 1.57mm，由此可以认为，在相同的条件下榆树的根系更容易被拉断，而其他树种单根更容易发生单根拔出破坏，其中蒙古栎根系最不容易被拉断。

与油松的试验结果相同，不同树种的林木单根 F-S 曲线多呈现出有一个明显主峰的状态。根系的位移值随着拉拔力增大而增大，拉拔力达到最大值后，拉拔力随着位移值的增大而减小，之后呈现波动下降直至试验结束。

为了研究不同树种的林木单根对于根土界面拉拔摩擦性能的影响，在充分研究油松各根系指标（单根直径、埋深、加载速度、土壤含水率及土体干密度）影响根系 – 土壤拉拔摩擦性能的基础上，也试验研究了白桦、华北落叶松、蒙古栎和榆树的单根与土壤的拉拔摩擦性能。为了排除地域差异及土壤特性的影响，这里只与华北土石山区的油松进行了相同埋深（150mm）、相同加载速度（10mm/min）、相同土壤条件（含水率 12.72% 和干密度 1.52 g/cm³）的横向比较，分析在相同的试验条件下不同树种与土壤的摩擦锚固性能，研究结果如下。

从图 5-28 可以看出，直径对土壤 – 根系最大拉拔摩擦力影响明显，回归方程如下：

油　　　　松：$F_{max}=39.491D_r-14.891$　　（$R^2=0.9535$）

华北落叶松：$F_{max}=44.843D_r-1.9042$　　（$R^2=0.8306$）

白　　　　桦：$F_{max}=47.558D_r-28.877$　　（$R^2=0.8885$）

蒙　古　栎：$F_{max}=30.909D_r+52.219$　　（$R^2=0.8867$）

榆　　　　树：$F_{max}=36.871D_r+35.244$　　（$R^2=0.8839$）

从 5 个方程中可以看出，单根直径与最大拉拔摩擦力呈现显著线性相关关系。5 个树种在相同试验条件下，根系与土壤界面的最大拉拔摩擦力比较接近，其中油松是 5 个树种中最小的，华北落叶松的根系与土壤最大拉拔摩擦力最大。

试验结果表明，直径对于峰值点位移没有显著的影响，各树种之间也不能直接看出相互关系。各树种的峰值点位移值均值分别为：油松 12.26mm，华北落叶松 12.89mm，白桦 9.79mm，蒙古栎 8.70mm，榆树 9.86mm。由此可见，各树种根系达到最大摩擦力时，落叶松发生的峰值点位移最大，而蒙古栎发生的峰值点位移最小。

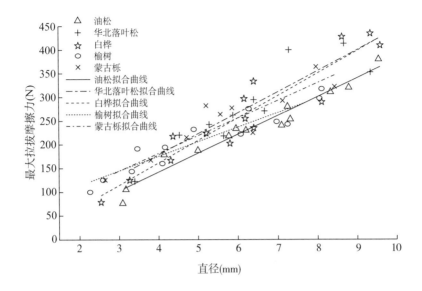

图 5-28 5 个树种单根 – 土壤最大拉拔摩擦力

由于油松单根与土壤的最大拉拔摩擦力最小，而华北落叶松单根与土壤最大拉拔摩擦力最大，现将华北落叶松和油松作单独比较以研究不同树种对根土最大拉拔摩擦力的影响。华北落叶松单根在拉拔力作用下的 *F-S* 曲线同样满足阶段特性（图 5-29），不同的是根系直径为 7.29 mm 的陡峭下降段，在此陡峭的下降段前有一小段平缓的下降段，即大直径华北落叶松单根在根土界面结构开始发生破坏后，单根与土壤的拉拔摩擦力并没有急速下降，而是随着单根被拔出，单根与土壤相对滑动到一定程度后根土摩擦力才急速下降。由图中可以看到，在相同条件下落叶松单根与土壤摩擦力整体上大于油松单根与土壤摩擦力。

表 5-14 表明相同条件下单根直径相近时华北落叶松和油松的峰值点位移。由表可知，华北落叶松单根的峰值点位移也没有单调趋势。但除去被拉断根系，对两种树种的峰值点位移求均值可得华北落叶松峰值点位移均值为 12.20mm，比油松峰值点位移均值 11.85mm 稍大。说明相同条件时落叶松在外荷载作用下能够比油松产生稍大的变形。

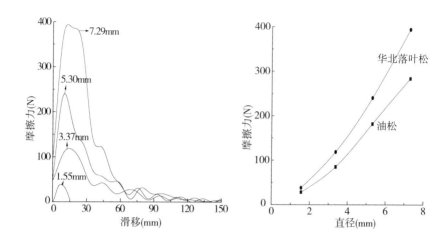

图 5-29　华北落叶松根系最大拉拔力与位移关系曲线及其与油松对比图

表 5-14　油松与华北落叶松最大拉拔力对应的位移试验结果对比

树种	直径（mm）	结果	位移（t/mm）
油　松	1.45	拔断	6.83
油　松	3.17	拔出	13.46
油　松	5.00	拔出	11.27
油　松	7.25	拔出	10.87
华北落叶松	1.55	拔断	7.22
华北落叶松	3.37	拔出	14.23
华北落叶松	5.30	拔出	10.28
华北落叶松	7.29	拔出	12.80

综合以上关于影响单根拉拔摩擦力学特性因素的讨论，初步发现了以下规律：①随着单根直径的增加，最大摩擦力增大，峰值点位移没有规律变化，而初始摩擦力从总体上看有增大趋势。②随着埋深的增加，最大摩擦力增加，且有较显著线性正相关关系；随着埋深的增加，峰值点位移有很明显的增加；初始摩擦力也随埋深的增加而增加。③最大摩擦力与加载速度呈显著的线性正相关关系；峰值点位移和初始摩擦力都与加载速度没有明显的相关关系。④随着土壤含水率的增加，最大摩擦力和初始摩

擦力都是先增大后减小；但土壤含水率的变化不会对峰值点位移产生影响。⑤最大摩擦力和土体干密度呈线性正相关关系；土体干密度的变化不会影响峰值点位移和初始摩擦力。⑥重复加载对于最大摩擦力和峰值点位移影响不大，但是对于初始摩擦力有一定的影响。⑦树种对于最大摩擦力和峰值点位移影响不大。

5.4 林木单根与土壤界面的摩擦系数

摩擦系数是描述物体材料属性的重要指标之一，但是理想的环境条件是不存在的，摩擦系数或多或少都要受到其他因素的影响。本研究通过研究根系直径、根系的埋深、土壤含水率和加载速度等因素对摩擦系数的影响，以探讨在不同情形下油松根系的固土能力。

5.4.1 单根与土壤界面间的摩擦力

在前面已经讨论了单根直径、土壤含水率、根系埋深、土体干密度、加载速度这几个因素对单根拉拔摩擦试验结果的影响。根据摩擦系数的定义可以得出根土界面单根摩擦力的计算式，即在深度为 z 处的单位长度摩擦力 f 为：

$$f = 2\pi\mu\gamma_s rz \tag{5-21}$$

式中：μ 为根土界面摩擦系数；γ_s 为土壤容重，g/mm^3；r 为根系半径，mm；z 为根段深度，mm。

由于本试验是将根系垂直从试验土壤中拔出，故对式（5-21）进行积分求和可得整个单根的摩擦力 F，如下所示：

$$F = \int_0^L \pi D\mu\gamma_s z \cdot dz = \frac{1}{2}\mu\pi D\gamma_s L^2 \tag{5-22}$$

式中：D 为单根直径；L 为根系埋深。

土壤容重的一般表达式为

$$\gamma_s = \rho g = \rho_d(1+\omega)g \tag{5-23}$$

将土壤容重公式（5-23）代入式（5-22）整理可得单根摩擦力计算公式如下：

$$F = 0.5\pi\rho_d\mu D(1+\omega)gL^2 \tag{5-24}$$

式中：ρ_d 为土体干密度；ω 为土壤含水率；g 为重力加速度。

由式（5-24）可知，π 和 g 是常数，D、ρ_d、ω 和 L 则应与根土界面摩擦系数 μ 一样均为独立变量，且随着这些变量的增加，摩擦力也应随之增加。但是在前面的讨论中，摩擦力是随着土壤含水率的增加先增加后减小的，这说明土壤含水率的变化可能会影响到根土界面摩擦特性，进而影响根土界面的摩擦系数，关于这些因素对于根土界面摩擦系数的影响，下面进行进一步的定量分析。

5.4.2　直径对根土界面摩擦系数的影响

表 5-15 是在不同的直径条件下单根与土壤界面摩擦系数的均值，从表中可以看出取自 2 种典型地类的试验结果显示出的变化规律并不完全一致。黄土地区的试验结果表明随着油松单根直径的增加，根土界面平均摩擦系数呈现出比较明显的递减趋势，依次分别减少了 24.92 % 和 10.62%；而土石山区的试验结果表明随着油松单根直径的增加，根土界面平均摩擦系数呈缓慢递增的趋势，依次分别增长了 1.30% 和 0.55%。可以理解为黄土区的试验结果说明单根直径对根土界面摩擦系数有一定的影响，而土石山区的试验结果说明单根直径对根土摩擦系数的影响甚微，基本可以不考虑。结合植物生理学和材料的力学性质对这一现象进行综合分析，可以解释为这是由于随着根系的生长，根系的表皮特征发生了改变。通过观察不同直径的油松根系表皮特征发现，当直径较小的油松根系表皮较为光滑，随着根径的增加根系表皮的粗糙度亦增加，相应的根土之间的摩擦力也随着根系直径的增加而增加，但是随着直径的进一步增加，根系表皮出现了蜕皮和脱落的现象，因此根土间的摩擦力达到某一数值后增加会减缓。由此可见，土石山区的试验结果是符合这一分析的，但是黄土区的试验结果却不尽然，原因可能是土壤含水量的影响，亦可能是受样本数量、代表性的影响，虽然试验样本数量已可以满足统计学的要求。

为了便于讨论其他因素的影响，本节后面的分析讨论中统一选取范围居中的（4，7）直径区间内的试验数据进行分析。

表 5-15 根系与土壤界面摩擦系数（直径）

编号	直径范围 （mm）	埋深 （mm）	加载速度 （mm/s）	含水率 （%）	干密度 （g/cm³）	平均摩擦 系数 μ
1	（0，4）	150	0.2	15.18	1.68	0.340
2	（4，7）	150	0.2	15.18	1.68	0.255
3	（7，11）	150	0.2	15.18	1.68	0.228
4	（0，4）	150	0.2	12.72	1.52	0.539
5	（4，7）	150	0.2	12.72	1.52	0.548
6	（7，10）	150	0.2	12.72	1.52	0.551

注：编号 1 ~ 3 为黄土区，4 ~ 6 为土石区。

5.4.3 埋深对根土界面摩擦系数的影响

表 5-16 是在不同埋深条件下根系与土壤界面摩擦系数的均值，之所以是均值因为在根据式（5-24）反推计算根土界面摩擦系数时，直径 D 的取值是在（4，7）范围内选取的，并通过计算出多个（4，7）直径范围内的根土界面摩擦系数之后取平均值。并且在下文讨论加载速度、土壤含水率和土体干密度对根土界面摩擦系数时，皆取（4，7）直径范围内的试验数据进行分析。

从表 5-16 中可知，随着埋深的增加，单根与土壤界面摩擦系数均值在 2 种不同的试验地类也表现出了不同的变化趋势。黄土区的试验结果表明，随着埋深的增加，单根与土壤界面摩擦系数分别减少了 49.72 % 和 33.16%，由此看出埋深对于根系与土壤界面摩擦系数的影响还是比较大的。而在土石区的试验结果则分别只增加了 0.93% 和 0.74%，几乎可以理解为埋深对摩擦系数没有影响。仍然结合植物生理学和材料的力学性质对这一现象进行综合分析，随着林木的不断生长，根的埋深也在增加，根系的顶端部分是土层中埋深最大的，此段根的表皮是新生的、柔软的、细滑的，而埋深相对较浅的根后端的表皮则是粗糙的、具有较大摩擦阻力的。因此导致埋深大的土层的根土界面平均摩擦系数较小，而埋深较浅根系表皮相对粗糙的土层的根土界面平均摩擦系数较大。单根的拉伸试验结果给出了同样的变化趋势，即随着根系长度的增加单根可以承受的拉伸力显示出减少的趋势。

表 5-16　根系与土壤界面摩擦系数（埋深）

编号	埋深（mm）	加载速度（mm/s）	含水率（%）	干密度（g/cm³）	平均摩擦系数 μ	增减率（%）
1	50	0.2	15.18	1.68	0.780	—
2	100	0.2	15.18	1.68	0.392	−49.72
3	150	0.2	15.18	1.68	0.262	−33.16
4	50	0.2	12.72	1.52	0.537	—
5	100	0.2	12.72	1.52	0.542	+0.93
6	150	0.2	12.72	1.52	0.546	+0.74

注：编号 1 ~ 3 为黄土区，4 ~ 6 为土石山区。

　　结合上面关于根系直径对根土界面摩擦系数的结果和讨论可以发现，根系直径和根系埋深的增加均对根土界面摩擦系数产生一定的影响，结合式（5-24）不难理解，因为无论是根系直径还是根系埋深的增加，都导致了根系与土壤接触面积的变化，而根系与土壤之间接触面的变化又会导致根土界面间摩擦系数的改变，并且由于根系的埋深与摩擦系数间是二次方的关系，因此相较于根系直径而言根系埋深的变化值更大。

5.4.4　加载速度对根土界面摩擦系数的影响

　　表 5-17 是在不同加载速度条件下根系与土壤界面摩擦系数的均值。从表中可以看出，根系与土壤界面摩擦系数的均值随着加载速度的增加，其增长达到一定数值后出现了降低。加载速度为 2 mm/s 和 4.5 mm/s 时，根土界面摩擦系数变化很小，2 个研究区表现出了相似的变化规律。说明当加载速度较低时会对根土界面摩擦系数产生较大影响，而当加载速度增加到某一数值（本研究该值为 4.5mm/s）时，其对根土界面摩擦系数的影响会趋于稳定。相较于埋深对根土界面摩擦系数的影响来说，根土界面摩擦系数受加载速度的影响比较小。同样由于试验参数设置数量和样本数量的限制，这一规律仅作为试验结果描述和原因分析，其普适性尚需大量的试验验证。

表 5-17 根系与土壤界面摩擦系数（加载速度）

编号	加载速度 （mm/s）	埋深 （mm）	含水率 （%）	干密度 （g/cm³）	平均摩擦 系数 μ	增减率 （%）
1	0.2	150	15.18	1.68	0.262	—
2	2.0	150	15.18	1.68	0.301	+15.00
3	4.5	150	15.18	1.68	0.288	−4.31
4	0.2	150	12.72	1.52	0.546	—
5	2.0	150	12.72	1.52	0.646	+18.32
6	4.5	150	12.72	1.52	0.648	+0.31

注：编号 1 ~ 3 为黄土区，4 ~ 6 为土石山区。

5.4.5 土壤含水率对根土界面摩擦系数的影响

表 5-18 表示在不同土壤含水率条件下根系与土壤界面摩擦系数的均值，从表中可以看出，无论是黄土区还是土石山区的试验结果都表现出随着土壤含水率的增加，根土界面摩擦系数均呈先增加后减小的趋势，这与最大摩擦力与土壤含水率间的变化规律相似。从增减率可以看出根土界面摩擦系数增减变化幅度很大，说明土壤含水率对根土界面摩擦系数影响很大，且相较于加载速度而言具有更好的规律性。

表 5-18 根系与土壤界面摩擦系数（土壤含水率）

编号	土壤含水率 （%）	埋深 （mm）	加载速度 （mm/s）	干密度 （g/cm³）	平均摩擦 系数 μ	增减率 （%）
1	13.18	150	0.2	1.68	0.195	—
2	15.18	150	0.2	1.68	0.262	+34.57
3	17.18	150	0.2	1.68	0.172	−34.50
4	31.11	150	0.2	1.68	0.116	−32.23
5	9.72	150	0.2	1.52	0.479	—
6	12.72	150	0.2	1.52	0.546	+13.99
7	15.72	150	0.2	1.52	0.607	+11.17
8	18.72	150	0.2	1.52	0.555	−8.57

注：编号 1 ~ 4 为黄土区，5 ~ 8 为土石山区。

从根系与土壤相互作用机制来分析，原因可能是当土壤含水率较小时，土粒之间的间隙较大，而土粒与根系之间的接触面较小，当土壤含水率增加之后，由于水的作用使得土粒之间的黏聚力增加，也就导致了土壤与根系表面接触更紧实且粗糙程度更大。当土壤含水率进一步增加，由于结合水膜作用导致原先土粒间的咬合力减小，土粒与根系接触面也由于水的润滑作用导致摩擦系数降低。

5.4.6　土体干密度对根土界面摩擦系数的影响

表 5-19 表示在不同土体干密度条件下根系与土壤界面摩擦系数的均值，从表中可知随着土体干密度的增加，根土界面摩擦系数明显增加，土体干密度从 1.59 ~ 1.68g/cm^3，再到 1.78g/cm^3，增减率分别为 +42.55% 和 +33.74%，表明土体干密度对根土界面摩擦系数影响很大，这是因为随着土体干密度的增加，土粒之间接触更加紧密，土壤与根系表面接触也更紧实且粗糙程度更大，使得根土界面摩擦系数变大。

表 5-19　根系与土壤界面摩擦系数（土体干密度）

编号	干密度 （g/cm^3）	埋深 （mm）	加载速度 （mm/s）	土壤含水率 （%）	平均摩擦 系数 μ	增减率 （%）
1	1.59	150	0.2	15.18	0.184	—
2	1.68	150	0.2	15.18	0.262	+42.55
3	1.78	150	0.2	15.18	0.350	+33.74
4	1.32	150	0.2	12.72	0.441	—
5	1.42	150	0.2	12.72	0.483	+9.52
6	1.52	150	0.2	12.72	0.546	+13.04

注：编号 1 ~ 3 为黄土区，4 ~ 6 为土石山区。

由通过推导得到的式（5-24）和实际根系拉拔摩擦试验可知，根土界面摩擦系数 μ 受到 D、ρ_d、ω 和 L 变量的一定影响，其影响情况可归纳为：①直径的增加对根土界面摩擦系数没有显著影响。②随着埋深的增加，根土界面摩擦系数减小。③随着加载速度的增加，根土界面摩擦系数增加，并且到达一定值后不变或略微下降。④随着土壤含水率的增加，根土界面摩擦系数先增大后减小，且变化的幅度很大，说明土壤含水率对根土界面摩擦系数影响很大。⑤随着土体干密度的增加，根土界面摩擦系数亦增加，且增幅较大。

6 林木群根与土壤的拉拔摩擦性能

自然界中植物根系形态各异，但所有植物根系均呈现群根形态。油松作为黄土区主要造林树种，其根系形态为主根型，即地下根系主要由向下延伸的主根及水平分布的侧根组成。其作用与工程中边坡防护体系相似，油松的垂直分布主根等同于护坡工程中的锚杆，将边坡中大体积土石块固定于边坡中；油松的水平分布侧根则相当于边坡工程中的三维土工网垫，与锚杆形成一个护坡体系，将边坡中小体积土、石块固定于边坡中。本章所谓林木群根根系其实就是简化后的油松主根型根系，通过研究林木群根根系拉拔摩擦性能，能更好地了解林木根系固土护坡机制，为植物固土护坡提供理论参考。

为研究林木群根根系与土壤的拉拔摩擦性能，在对林木根系形态进行充分分析的基础上，将试验研究对象林木群根根系简化为2种主要根系形态的模式。一种是主侧根模式，即根系由主根及其上依次生长的侧根组成。这种根系模式可根据侧根数量来进行命名，如分为一侧根、二侧根和三侧根模式等，并随着侧根数量的增加递推命名，具体模型如图6-1至图6-3所示。

另一种根系形态的模式是群根模式，即在主根基础上延伸分裂出若干分叉根的模式。虽然群根模式中也有与主侧根模式类似结构的主根和分叉根，但在定义上却与主侧根模式有所不同（图6-4，图6-5）。

比较2种根系模式，发现当主侧根模式的侧根数量较多时，其根系形态更接近于自然状态下的根系形态。而群根模式在分叉根数量较少时，其根系形态接近于自然状态下的根系形态，但当分叉根数量较多时，符合该模式的自然状态根系相对较少。

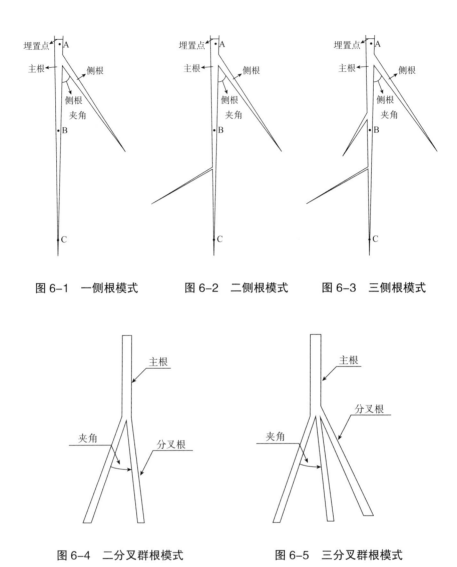

图 6-1　一侧根模式　　　图 6-2　二侧根模式　　　图 6-3　三侧根模式

图 6-4　二分叉群根模式　　　　图 6-5　三分叉群根模式

　　综合以上分析并结合实际采样情况，本章将利用前文所述的试验装置和试验方法来研究油松群根根系在主侧根模式的一侧根、二侧根和三侧根情况下与土壤的拉拔摩擦性能，并使用相同的试验装置和试验方法来研究群根模式根系在二分叉情况下与土壤的拉拔摩擦性能。在两种根系模式的试验过程中观察不同试验破坏情况，总结典型的群根根系拉拔 F-S 曲线，分析根系侧根（分叉根）的直径和夹角两种因素对油松根系－土壤拉拔摩擦性能的影响。

6.1 群根根系与土壤拉拔摩擦试验设计

6.1.1 主侧根模式的试验设计

主侧根模式根系的试验样本在进行拉拔摩擦试验时，需进行 2 次拉拔摩擦试验。第一次拉拔摩擦试验是将经过样本标准化处理的根系埋入试件盒中进行试验；第二次拉拔摩擦试验是在第一次试验完成后的短时间内，将拔出的主侧根模式的根系样本进行侧根剪除处理，剪除侧根后的试验样本变成了标准单根样本，并在相同试验条件下进行第二次试验，以此结果作为主侧根模式的独立主根的试验结果。根据前文单根重复拉拔摩擦试验结果，认为根系在短时间内进行 2 次拉拔摩擦试验，其最大摩擦力、峰值点位移近似相同，但初始摩擦力变化较大。因而，在讨论群根根系拉拔的最大摩擦力和峰值点位移时，可以消除主根对结果的影响，单独讨论侧根对结果的影响。具体数据处理是将根系第一次试验的结果数值减去第二次试验的结果数值，得出的是侧根所影响部分的最大摩擦力和峰值点位移。从而比较主侧根模式根系中侧根直径、以及侧根与主根夹角这两个因素对主侧根模式根系侧根对拉拔摩擦性能的影响。

主侧根模式根系的试验方法和试验装置与前文所述单根的试验方法和试验装置相同。试验条件为：主根的埋深 L_d=150mm，根系拉拔试验机加载速度 V=0.20mm/s，土壤含水率 W_s=15.18%，土体干密度 ρ_s=1.46g/cm³。

主侧根模式的根系拉拔摩擦试验主要分为一侧根拉拔摩擦试验、二侧根拉拔摩擦试验和三侧根拉拔摩擦试验。对于二侧根和三侧根的情况，由于侧根数量不止一个，故统一用侧根直径之和与侧根夹角之和来考虑侧根直径与侧根夹角的影响。一侧根拉拔摩擦试验样本数为 40 个，二侧根拉拔摩擦试验样本数为 30 个，三侧根拉拔摩擦试验样本数为 20 个，总样本数 90 个。

6.1.2 群根模式的试验设计

由于群根模式的根系形态在分叉根数量较少时才符合自然状态下

的实际根系形态，且群根模式的研究目的是作为对照以探讨不同根系模式的影响，故仅对群根模式的二分叉根进行试验研究，其试验方法和试验装置与前文所述单根的试验方法和试验装置相同。试验条件为：主根的埋深 L_d=150mm，根系拉拔试验机加载速度 V=0.20mm/s，土壤含水率 W_s=12.72%，土体干密度 ρ_s=1.52g/cm^3，试验总样本数 50 个。对于二分叉根，由于分叉根数量不止一个，统一用分叉根直径之和、分叉根直径之差以及分叉根夹角来考虑分叉根直径与分叉根夹角的影响。

6.2　群根根系与土壤拉拔摩擦破坏模式

6.2.1　主侧根模式的拉拔摩擦破坏

试验研究对象为油松主侧根模式根系的一侧根、二侧根和三侧根。一侧根的试验样本数为 40 个，二侧根的试验样本数为 30 个，三侧根的试验样本数为 20 个，试验样本总数为 90 个。在进行主侧根模式根系拉拔摩擦试验中，观察到有 4 种根系破坏形式：①根系完整从土壤中拔出的被完全拔出破坏；②侧根被拔断的侧根被拔断破坏；③侧根的木质部被拔出，而侧根表皮仍在土壤中的侧根表皮滑脱破坏；④一条侧根在与主根相连节点处撕裂断开的劈裂破坏形式，如图 6-6 至图 6-9 所示。由于在根系拉拔摩擦试验中所选试验样本的主根直径都较大，故在试验中未观察到主根被拉断的情况。

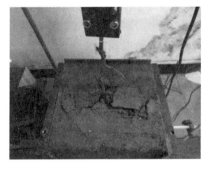 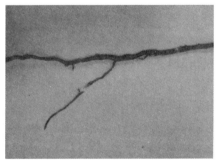

图 6-6　被完全拔出破坏　　　　　图 6-7　侧根被拔断破坏

图 6-8 侧根表皮滑脱破坏　　　　图 6-9 侧根劈裂破坏

6.2.2 群根模式的拉拔摩擦破坏

针对 50 组油松二分叉根的群根模式根系进行根系拉拔摩擦试验，观察到 3 种如图 6-10 至图 6-12 所示的破坏形式：①根系从土壤中完全被拔出的被完全拔出破坏；②一条分叉根被拔断，另一条分叉根从土壤中被拔出的分叉根被拔断破坏；③一条分叉根在节点处撕裂，整体分成两部分的劈裂破坏。试验中所选取的二分叉根的群根模式的根系没有 2 条分叉根直径都很小的情况，因此，未观察到 2 条分叉根都发生被拉断的破坏形式。

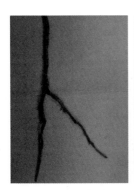
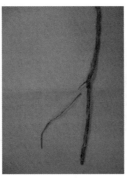
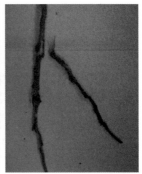

图 6-10 被完全拔出　　图 6-11 分叉根被拔断　　图 6-12 劈裂破坏
　　　　破坏　　　　　　　　　破坏

对比 2 种根系模式的破坏形式可以看出，两者破坏形式是类似的，只是群根模式根系的破坏形式中缺少了表皮滑脱破坏形式。

6.3　群根根系拉拔摩擦试验数据统计及分析

6.3.1　主侧根模式根系拉拔摩擦试验数据统计及分析

对主侧根模式根系进行 2 次拉拔摩擦试验，第一次为带侧根的根系拉拔摩擦试验。在第一次试验之后，将主根上的侧根部分用枝剪去除后再进行第二次根系拉拔摩擦试验，第二次试验参数与第一次试验参数相同。在获取根系拉拔摩擦试验数据后，从每个试验样本前后 2 次试验的 2 条 $F\text{-}S$ 曲线中分别整理出最大摩擦力，并将 2 次试验的最大摩擦力相减，得出的差值结果为侧根所承受的最大摩擦力。同理，可得到对应最大摩擦力的峰值点位移。在实验室中共进行了 40 个样本的一侧根拉拔摩擦试验，试验成功样本为 35 个，失败样本为 5 个，试验结果见表 6-1。在 35 个成功试验样本中，最小侧根直径为 0.93 mm，最大侧根直径为 4.21 mm，最小夹角为 8°，最大夹角为 98°。

表 6-1　一侧根拉拔摩擦试验结果统计

编号	破坏模式		侧根直径（mm）	侧根夹角（°）	最大摩擦力之差（N）	主峰值滑移之差 (mm)
	侧根破坏模式	主根破坏模式				
1	被拔断	未断	1.65	60	17.00	−0.23
2	被拔断	未断	1.81	71	16.20	0.54
3	被拔断	未断	1.53	54	17.75	5.05
4	未断	未断	1.65	42	8.80	5.38
5	未断	未断	2.43	59	18.52	−2.43
6	未断	未断	1.90	83	23.21	5.35
7	未断	未断	1.46	15	4.93	−3.02
8	未断	未断	1.48	8	4.99	2.21
9	未断	未断	1.49	65	10.19	−0.82

（续）

编号	破坏模式		侧根直径（mm）	侧根夹角（°）	最大摩擦力之差（N）	主峰值滑移之差(mm)
	侧根破坏模式	主根破坏模式				
10	被拔断	未断	1.36	22	−0.92	0.60
11	未断	未断	3.10	98	40.77	−4.17
12	被拔断	未断	3.32	42	20.47	−1.39
13	被拔断	未断	1.17	9	−1.17	−2.03
14	未断	未断	1.22	42	7.65	0.52
15	未断	未断	2.99	97	19.79	−1.75
16	未断	未断	1.61	35	10.46	−0.49
17	未断	未断	2.34	94	21.05	1.41
18	未断	未断	1.30	12	4.32	−3.31
19	未断	未断	1.02	55	9.33	2.48
20	未断	未断	1.79	80	23.09	6.29
21	未断	未断	2.16	70	30.09	6.92
22	未断	未断	4.21	55	25.79	0.97
23	未断	未断	1.94	63	18.38	−0.36
24	未断	未断	1.84	42	14.10	0.00
25	未断	未断	1.76	78	36.45	3.86
26	被拔断	未断	1.05	30	7.63	2.18
27	未断	未断	1.63	65	18.34	2.88
28	被拔断	未断	1.41	56	11.88	−1.04
29	未断	未断	3.22	60	22.83	−4.91
30	被拔断	未断	1.55	75	20.06	−1.10
31	未断	未断	2.30	75	17.39	0.07
32	表皮滑脱	未断	0.93	25	8.59	0.84
33	未断	未断	2.66	78	52.62	0.44
34	未断	未断	3.89	65	20.62	−3.50
35	被拔断	未断	1.10	43	11.82	−1.27

为了方便研究侧根直径对主侧根模式根系与土壤的拉拔摩擦性能的影响，统一将主侧根模式根系的二侧根、三侧根的直径数值分别相加求和，以侧根直径之和的形式进行讨论研究。同理也将二侧根、三侧根与主根的夹角相加求和，以侧根夹角之和的形式进行讨论研究。

在实验室中共进行了 30 个样本的二侧根拉拔摩擦试验，试验成功样本为 27 个，失败样本为 3 个，试验结果见表 6-2。在 27 个成功试验样本中，最小侧根直径之和为 1.56mm，最大侧根直径之和为 6.55mm，最小侧根夹角之和为 44°，最大侧根夹角之和为 211°。

表 6-2　二侧根拉拔摩擦试验结果统计

编号	破坏模式		侧根直径之和（mm）	侧根夹角之和（°）	最大摩擦力之差（N）	主峰值滑移之差（mm）
	侧根①破坏模式	侧根②破坏模式				
1	被拔断	被拔断	1.56	123	1.73	0.68
2	未断	未断	1.94	79	0.09	−1.47
3	未断	未断	2.14	143	19.84	5.36
4	被拔断	被拔断	2.26	55	2.48	−3.05
5	被拔断	被拔断	2.55	52	0.80	−2.63
6	未断	未断	2.74	124	21.92	−3.21
7	未断	未断	2.83	61	5.55	0.04
8	未断	未断	2.84	138	14.47	−0.31
9	未断	未断	2.87	112	8.474	0.92
10	未断	被拔断	2.96	121	17.99	0.19
11	未断	被拔断	2.98	144	15.86	−0.77
12	未断	表皮滑脱	3.01	88	5.11	0.77
13	被拔断	未断	3.04	122	13.38	−1.33
14	未断	未断	3.06	119	18.44	3.10
15	未断	被拔断	3.10	58	0.33	−0.41
16	被拔断	被拔断	3.19	65	17.30	−3.89
17	未断	未断	3.20	168	22.13	1.61
18	未断	未断	3.21	112	22.00	1.33

（续）

编号	破坏模式		侧根直径之和（mm）	侧根夹角之和（°）	最大摩擦力之差（N）	主峰值滑移之差（mm）
	侧根①破坏模式	侧根②破坏模式				
19	未断	被拔断	3.29	44	13.13	-1.17
20	未断	被拔断	3.49	185	28.21	6.61
21	未断	未断	3.83	115	28.46	3.36
22	未断	未断	3.84	158	50.93	6.59
23	未断	被拔断	4.15	142	30.89	4.33
24	未断	被拔断	5.03	179	32.91	1.01
25	未断	被拔断	5.12	130	29.21	-1.92
26	未断	未断	5.87	156	24.74	9.66
27	被拔断	未断	6.55	211	29.89	1.71

对于三侧根的研究，所使用的方法与一侧根、二侧根一致，在实验室中一共进行了 20 个样本的三侧根拉拔摩擦试验，试验成功样本为 18 个，失败样本为 2 个，试验结果见表 6-3。在 18 个成功试验样本中，最小侧根直径之和为 3.14mm，最大侧根直径之和为 8.65mm，最小侧根夹角之和为 111°，最大侧根夹角之和为 265°。

观察表 6-1 至表 6-3 中数据的 F-S 曲线，发现主侧根模式根系的一侧根、二侧根和三侧根的图像走势相似，主要分为 2 种曲线形式：

（1）一种曲线形式与单根被完全拔出破坏的曲线形式相似，即曲线分为 3 个阶段：第一阶段 AB 为急速上升段，第二阶段 BC 为缓和下降段，第三阶段 C 点之后为平缓段，如图 6-13 所示。这种曲线形式对应的主侧根模式根系的破坏为被完全拔出破坏和侧根表皮滑脱破坏 2 种破坏方式。

（2）另一种曲线形式也分为 3 个阶段：第一阶段 AB 为急速上升段，第二阶段 BC 为部分波动下降段，第三阶段 C 点之后为平缓段，如图 6-14 所示。这种曲线形式对应的破坏方式为侧根被拔断破坏和劈裂破坏。

这两种曲线的主要区别在于第二阶段 BC，图 6-14 中曲线的第二阶段由于侧根的被拔断，造成了采集图像中出现了比较明显的拔断点。通过曲线中拔断点的位置可以了解到在根系拉拔过程中侧根被拔断时的摩擦力和相应的位移。

表 6-3 三侧根拉拔摩擦试验结果统计

编号	破坏模式			侧根直径之和（mm）	侧根夹角之和（°）	最大摩擦力之差（N）	主峰值滑移之差（mm）
	侧根①破坏模式	侧根②破坏模式	侧根③破坏模式				
1	未断	被拔断	被拔断	6.14	160	33.96	−0.48
2	未断	被拔断	未断	3.54	174	1.99	−1.83
3	未断	未断	未断	8.65	157	42.95	8.46
4	被拔断	被拔断	被拔断	5.86	111	15.60	−4.07
5	未断	未断	未断	4.76	215	38.10	1.84
6	未断	未断	未断	7.13	190	44.32	5.86
7	未断	未断	未断	6.62	172	35.07	2.49
8	未断	未断	未断	3.14	166	5.34	−2.16
9	未断	被拔断	未断	5.05	173	16.23	2.86
10	未断	未断	被拔断	4.91	147	11.79	3.58
11	未断	未断	未断	5.48	205	25.69	1.66
12	未断	未断	未断	5.68	222	31.52	9.09
13	未断	未断	未断	6.51	265	41.93	4.82
14	未断	被拔断	未断	6.08	218	31.13	−0.84
15	未断	未断	未断	7.71	227	58.27	3.90
16	未断	被拔断	未断	5.74	231	50.79	3.75
17	未断	未断	未断	4.46	164	0.35	−2.60
18	未断	被拔断	被拔断	4.65	151	20.26	0.71

主侧根模式根系的拉拔摩擦过程由于有了侧根的参与而与单根拉拔过程有所区别。对于主侧根模式根系的拉拔来说，所采集的 F-S 曲线是主根和侧根共同抗拉拔摩擦作用的结果，所记录的拉拔力是主根与侧根共同承受的荷载，而所记录的位移也是主根与侧根一起被拔出的整体根系位移。通过试验观察发现，根系在被拔出过程中，若侧根未被拔断，则侧根与主根的夹角会在拉拔过程中越来越小，直至侧根与主根紧贴到一起，共同被拔出土壤。

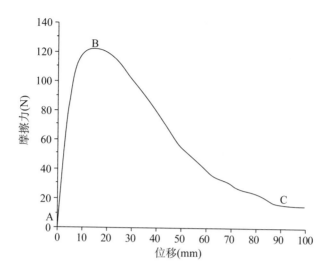

图 6-13　缓和下降的 F-S 曲线

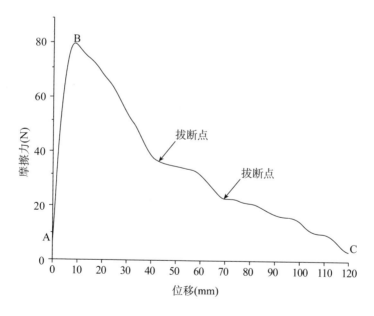

图 6-14　波动下降的 F-S 曲线

6.3.2　群根模式根系的拉拔摩擦试验数据统计及分析

对二分叉根的群根模式根系进行拉拔摩擦试验，试验结果见表 6-4，共进行了 50 个样本的试验研究，所选取的群根模式根系，其主根直径较为接近。将二分叉根群根模式根系的 2 个分叉根中直径较大的分叉根命名为分叉根 1，直径较小的分叉根命名为分叉根 2。

表 6-4　二分叉根群根模式根系的拉拔摩擦试验结果统计

编号 T_{sn}	主根直径 D_t (mm)	分叉根 1 直径 D_{l1}(mm)	分叉根 2 直径 D_{l2}(mm)	分叉夹角 α (°)	破坏模式	最大拔出力 (N)	峰值点位移 (mm)
1	7.19	6.55	4.83	33	拔出	304.17	8.93
2	6.45	6.38	2.46	55	拔出	321.88	11.00
3	6.62	4.18	3.03	65	分 2 劈裂	300.80	10.90
4	6.29	5.89	1.43	50	分 2 断	206.45	10.86
5	6.61	5.21	3.03	39	拔出	247.27	11.14
6	7.52	6.74	1.68	59	分 2 劈裂	331.78	11.09
7	7.62	6.72	2.45	60	分 2 劈裂	344.33	11.17
8	7.51	6.53	3.66	65	分 2 劈裂	342.24	11.10
9	7.28	6.17	5.46	66	拔出	378.97	10.54
10	7.63	6.43	5.23	62	拔出	373.68	10.89
11	5.25	4.57	3.34	23	拔出	232.91	9.95
12	6.32	5.83	2.16	25	拔出	229.01	10.04
13	6.55	5.99	5.21	25	拔出	244.44	10.51
14	5.31	4.65	4.03	26	拔出	217.68	9.95
15	5.69	4.90	1.17	27	分 2 断	183.84	9.21
16	5.24	4.24	3.21	27	拔出	224.58	9.62
17	5.65	4.55	3.85	30	拔出	235.91	9.51
18	6.35	5.12	4.22	29	拔出	255.64	10.21
19	6.54	5.25	3.36	33	拔出	249.25	9.96
20	6.84	5.54	1.49	35	分 2 断	197.26	9.85
21	6.95	5.56	4.93	32	拔出	272.94	10.26
22	6.32	4.83	3.66	37	拔出	242.29	9.46
23	6.54	4.96	2.58	35	拔出	235.16	9.57

（续）

编号 T_{sn}	主根直径 D_t (mm)	分叉根 1 直径 D_{l1} (mm)	分叉根 2 直径 D_{l2}(mm)	分叉夹角 α (°)	破坏模式	最大拔出力 (N)	峰值点位移 (mm)
24	6.83	5.13	1.58	39	分2断	195.11	9.48
25	6.47	4.66	2.44	31	拔出	229.05	9.36
26	6.43	4.36	3.31	38	拔出	240.36	9.88
27	6.12	4.13	2.11	36	拔出	224.50	9.47
28	6.95	4.88	2.86	36	拔出	235.92	9.77
29	6.39	4.23	3.54	35	拔出	241.61	9.81
30	6.56	4.37	3.62	39	拔出	245.49	10.03
31	6.92	4.57	4.08	42	拔出	253.32	10.25
32	6.82	6.21	5.26	42	拔出	332.18	11.31
33	6.53	5.85	5.24	46	拔出	327.68	10.37
34	6.44	5.63	4.69	43	拔出	284.40	10.13
35	6.25	5.39	4.35	48	拔出	281.88	10.09
36	6.10	5.14	4.74	40	拔出	263.73	9.99
37	6.41	5.33	3.26	41	拔出	257.36	9.67
38	6.56	5.35	4.12	42	拔出	262.88	9.62
39	6.23	4.96	3.68	44	拔出	254.46	9.53
40	7.89	6.47	1.55	46	分2断	220.64	10.58
41	7.2	5.74	4.39	49	拔出	285.76	9.53
42	7.66	6.01	5.34	50	拔出	337.83	11.45
43	7.65	5.93	4.65	52	拔出	297.47	10.46
44	7.58	5.54	4.28	53	拔出	289.14	10.18
45	7.14	5.06	3.62	55	拔出	260.69	9.87
46	7.63	5.47	3.58	55	拔出	266.90	10.01
47	7.84	5.58	4.62	57	拔出	299.54	10.21
48	7.45	5.05	4.03	58	拔出	264.80	9.85
49	7.69	7.01	6.28	56	拔出	431.83	11.86
50	7.36	6.66	5.12	57	拔出	357.21	11.28

　　根据林木根系自身特性，样本根系的主根直径最大值为 7.89mm（第 40 组），最小直径为 5.24mm（第 16 组），平均直径为 6.75mm ± 0.68mm。对于二分叉根群根模式根系进行形态分析比较，主要可分以下 3 种：①不同的分叉夹角；② 2 个分叉根直径较为接近；③ 2 个分叉根直径差别很大。从表 6-4 中可以看出，分叉根中最大直径为 7.01mm（第 49 组），分叉根中直径最小值为 1.17mm（第 15 组）。在 2 个分叉根的直径之差最小的为 0.4mm（第 36 组），2 个分叉根的直径之差最大的为 5.06mm（第 51 组），2 个分叉根的直径之差的均值为 1.77mm ± 1.28mm，2 个分叉根直径之和最大值为 13.29mm（第 49 组），2 个分叉根直径之和最小值为 6.07mm（第 15 组），2 个分叉根直径之和的均值为 9.09mm ± 1.63mm。在所选取的根系样本中，2 个分叉根的夹角（分叉根夹角）最大为 66°（第 54 组），最小的分叉根夹角为 23°（第 11 组），在 50 个试验样本中从 23°～ 66° 出现了 35 种不同的分叉根夹角，角度均值为 43.36° ± 12°。

　　二分叉根群根模式根系在进行根系拉拔摩擦试验后，由数据采集仪记录的根系拔出荷载及拔出位移，得到了拉拔力 – 位移曲线，即 F–S 曲线，50 条 F–S 曲线对应于 50 个油松根系与土壤的拉拔摩擦性能试验曲线，由于各组曲线的相似性，在此仅列出表 6-4 中的第 3 和第 2 组以供参考，如图 6-15 所示。

　　从图 6-15 的 2 条曲线图像可以看出，二分叉根群根模式根系的 F-S 曲线与单根 F-S 曲线，以及与前文中的主侧根模式根系 F-S 曲线有着近似的形状，都是具有明显上升段和下降段的曲线，下降段也会出现波动情况。但必须指出的是，二分叉根群根模式根系的 F-S 曲线是 2 个分叉根共同受力的结果。但在实际发生某一分叉根被拔断破坏或劈裂破坏的情况下，该条分叉根在发生破坏前的 F-S 曲线阶段是 2 条分叉根共同与土壤作用产生的结果，而在这条分叉根发生破坏后的 F-S 曲线段实际是未破坏的分叉根单独与土壤作用的结果。对于发生被完全拔出破坏的二分叉根群根模式根系来说，其 F-S 曲线是 2 条分叉根共同与土壤作用过程的曲线，由于试验过程中加载速度不变，所记录的拉拔力可等效为通过主根传递的 2 条分叉根共同承受的摩擦力，记录的位移则是 2 条分叉根与主根一起在拉拔力作用下所产生的位移值。从表 6-4 可以看出，50 组试验中发生被完全拔出破坏的根系样本有 41 组，分叉根发生断裂的根系样本有 9 组，故后面的讨论

均以二分叉根群根模式根系 F-S 曲线反映的 2 条分叉根与土壤共同作用结
果为基础展开，认为其反映的是含分叉根根系与土壤的整体作用。

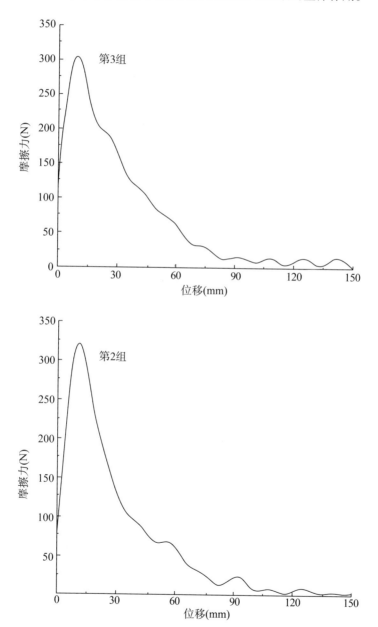

图 6-15　群根模式二分叉根拉拔试验 F-S 曲线

6.4 影响林木群根根系与土壤拉拔摩擦性能的因素

6.4.1 影响主侧根模式根系与土壤拉拔摩擦性能的因素

主侧根模式根系主要由两个部分构成，一部分为主根，另一部分是侧根。对于其独立主根的拉拔研究就相当于单根拉拔研究，这在前文已经进行了详细的研究分析，因此这里将主要探讨在主侧根模式根系下侧根对根系拉拔的影响。由主侧根模式根系拉拔过程可知，侧根直径与侧根夹角对根系与土壤拉拔摩擦性能有重要影响，故下面讨论的重点将围绕着侧根直径之和与根系夹角之和这两个因素的影响来展开。

在根土拉拔摩擦试验基础上，通过探讨侧根直径之和与侧根夹角之和对侧根与土壤最大摩擦力、峰值点位移的影响，说明制约侧根在整个根系拉拔过程中的贡献程度的因素情况，并定量分析各因素的影响比重。

6.4.1.1 一侧根的主侧根模式根系

在实验室中共进行了 40 个样本的一侧根拉拔摩擦试验，试验成功样本为 35 个，失败样本为 5 个。参照表 6-1 中的试验数据，绘制一侧根的主侧根模式根系的试验结果三维图如图 6-16 所示，主侧根三维图以侧根夹角为 X 轴，侧根直径为 Y 轴，最大摩擦力之差为 Z 轴，图中的数据点还分别在 XZ，YZ 面上进行投影。从数据点的分布趋势来看，可以初步判断侧根直径大小、侧根夹角大小对最大摩擦力之差有一定影响。

为了进一步比较侧根直径大小的影响，从表 6-1 中挑选出侧根夹角比较接近的 10 组数据（1，5，9，19，22，23，27，28，29 和 30 组），这 10 组侧根夹角最大为 65°，最小为 55°，均值为 59.78°，这 10 组的侧根直径范围为 1.02 ~ 3.89mm，且样本侧根直径在直径区间内分布较均匀。由图 6-17 可得 10 组侧根直径与最大摩擦力之差的关系，在侧根夹角相近的情况下，随着侧根直径的增加，最大摩擦力之差明显增加，说明侧根承受了更多的拉拔力，导致整个根系的抗拉拔能力提高了。对数据进行线性回归得到如下方程，表明了侧根直径与最大摩擦力之差具有显著线性正相关关系。

$$F_D = 4.20D_b + 7.68 \qquad (R^2 = 0.75，P < 0.05) \qquad (6-1)$$

式中：F_D 为 2 次拉拔的最大摩擦力之差；D_b 为侧根直径。

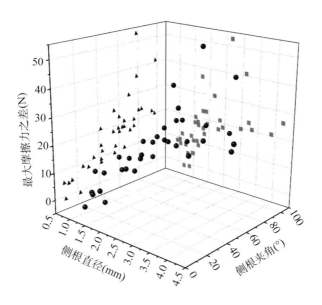

图 6-16   一侧根的主侧根模式根系的拉拔摩擦试验结果三维图
（最大摩擦力之差）

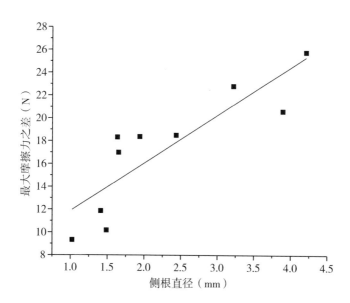

图 6-17   侧根直径与最大摩擦力之差的关系图

使用与侧根直径影响因素相同的研究方法来探究侧根夹角大小对最大摩擦力之差的影响，从表6-1中挑选侧根直径比较相近的9组数据（1，4，6，17，22，23，37，66，74组），这9组数据的侧根直径最大为1.65 mm，最小为1.46 mm，均值为1.56 mm，9组数据的侧根夹角分布范围为8°～75°，且侧根夹角数值在夹角区间内分布较均匀。由图6-18可知，在侧根直径相近的情况下，随着侧根夹角的增加，最大摩擦力之差随之增加，说明侧根承受了更多的拉拔力，也导致整个根系的抗拉拔能力提高。对试验数据进行线性回归，表明了侧根夹角与最大摩擦力之差具有显著线性正相关关系。

$$F_D = 0.22\alpha + 2.38 \qquad (R^2 = 0.75，P < 0.05) \qquad (6-2)$$

式中：F_D 为2次拉拔的最大摩擦力之差；α 为侧根夹角。

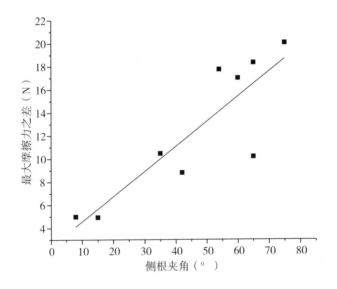

图6-18　侧根夹角与最大摩擦力之差的关系图

如图6-19所示，为以侧根夹角为 X 轴，侧根直径为 Y 轴，峰值点位移之差为 Z 轴的三维图，图中的数据点还分别在 XZ，YZ 面上进行投影。由数据的分布情况来看，侧根直径和侧根夹角对峰值点位移之差影响很小，峰值点位移的分布比较随机，这与油松单根拉拔摩擦试验中不同单根直径下峰值点位移变化规律类似。

根据表6-1中的一侧根主侧根模式根系的试验数据进行多元线性回归分析，y_1为最大摩擦力之差，x_1为侧根直径，x_2为侧根夹角，得出线性回归方程为：

$$y_1 = -6.17 + 4.11x_1 + 0.27x_2 \quad (R^2 = 0.63，P < 0.05) \tag{6-3}$$

对方程中的系数用计算标准化偏回归系数法来处理得出：x_1的标准化偏回归系数为0.30，x_2的标准化偏回归系数为0.61。通过系数的对比可知，侧根夹角对最大摩擦力之差的影响大于侧根直径对最大摩擦力之差的影响，说明侧根夹角这一因素更能影响侧根的抗拉拔能力。

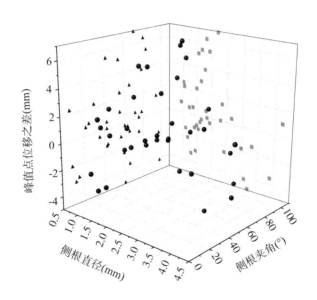

图6-19　一侧根的主侧根模式根系的拉拔摩擦试验结果三维图
（峰值点位移之差）

6.4.1.2　二侧根的主侧根模式根系

对于二侧根主侧根模式的根系，由于侧根数量不止一个，故统一用侧根直径之和与侧根夹角之和来考虑侧根直径与侧根夹角这两个因素的影响。图6-20表示的是X轴为侧根夹角之和，Y轴为侧根直径之和，Z轴为最大摩擦力之差的三维图，图中的数据点还分别在XZ面和YZ面上进行投影。从数据点分布趋势可以初步判断，二侧根主侧根模式根系的侧根直径

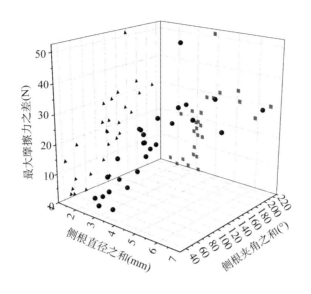

图6-20　二侧根的主侧根模式根系的拉拔摩擦试验结果三维图

（最大摩擦力之差）

之和与侧根夹角之和对侧根最大摩擦力之差有一定的影响。

从表6-2中选择侧根夹角之和相近的9组数据（1，12，17，20，27，29，32，33，35组），对这9组数据作侧根直径之和与最大摩擦力之差的关系图，如图6-21所示。经过对图中数据点进行线性拟合发现，当侧根夹角之和相近时，侧根直径之和与最大摩擦力之差存在较显著正相关关系。具体的线性拟合方程如下：

$$F_D = 7.92D_b - 7.04 \quad (R^2 = 0.70, \ P < 0.05) \tag{6-4}$$

式中：F_D 为2次拉拔的最大摩擦力之差；D_b 为侧根直径之和。

从表6-2中选择侧根直径相近的10组数据（6，7，8，9，10，11，12，13，14，15组），对这些数据进行线性拟合发现在侧根直径之和相近的情况下，侧根夹角之和与最大摩擦力之差存在显著的线性正相关关系，如图6-22所示，并拟合方程如下：

$$F_D = 0.19\alpha - 8.74 \quad (R^2 = 0.86, \ P < 0.05) \tag{6-5}$$

式中：F_D 为2次拉拔的最大摩擦力之差；α 为侧根夹角之和。

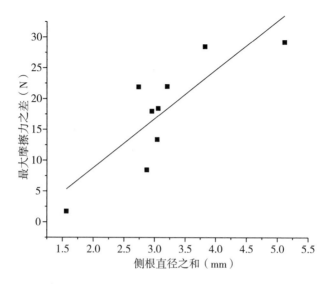

图 6-21 侧根直径之和与最大摩擦力之差的关系图

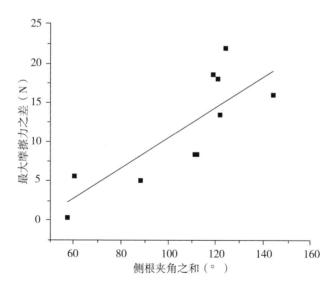

图 6-22 侧根夹角之和与最大摩擦力之差的关系图

为了研究峰值点位移之差与侧根直径之和、侧根夹角之和的关系，根据表 6-2 中的 27 个样本数据，作 X 轴为侧根夹角之和，Y 轴为侧根直径之和，Z 轴为峰值点位移之差的三维图。从图 6-23 中数据点的分布情况来看，峰值点位移之差不会随着侧根直径之和、侧根夹角之和的增加而增加或减少，而是处于一种随机分布的状态。

根据表 6-2 中的二侧根主侧根模式根系的样本数据进行多元线性回归分析，y_1 为最大摩擦力之差，x_1 为侧根直径之和，x_2 为侧根夹角之和，得出的线性回归方程为：

$$y_1 = -12.27 + 3.82x_1 + 0.14x_2 \quad (R^2 = 0.60,\ P < 0.05) \quad （6-6）$$

对方程中的系数用计算标准化偏回归系数法来处理得出：x_1 的标准化偏回归系数为 0.35，x_2 的标准化偏回归系数为 0.52。通过系数对比大小可知，侧根夹角之和对最大摩擦力之差的影响大于侧根直径之和对最大摩擦力之差的影响，说明侧根夹角这一因素更具影响根系侧根的抗拉拔能力。

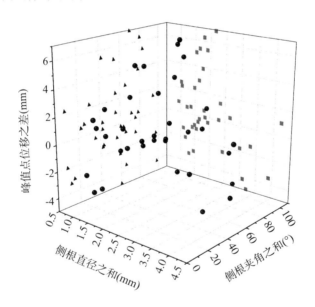

图 6-23　二侧根主侧根模式根系的拉拔摩擦试验结果三维图（峰值点位移之差）

6.4.1.3　三侧根的主侧根模式根系

对于三侧根主侧根模式根系，由于侧根数量不止一个，故统一用侧根直径之和、侧根夹角之和来考虑侧根直径与侧根夹角这两个因素的影响。根据试验数据，以侧根夹角为 X 轴，侧根直径为 Y 轴，最大摩擦力之差为 Z 轴作三维图，如图 6-24 所示。由三维图中的数据分布点情况可知，侧根直径之和与侧根夹角之和对最大摩擦力之差有一定的影响。再从表 6-3 中选取侧根夹角之和相近的 9 组数据（1，2，4，9，10，11，12，23，24 组）作侧根直径之和与最大摩擦力之差的关系图（图 6-25），并通过线性拟合可得侧根直径之和与最大摩擦力之差有显著的线性正相关关系。拟合方程如下：

$$F_D=8.47D_b-25.70 \quad (R^2 = 0.83，P < 0.05) \tag{6-7}$$

式中：F_D 为 2 次拉拔的最大摩擦力之差；D_b 为侧根直径之和。

同理，从表 6-3 中选取侧根夹角之和相近的 8 组数据（7，11，12，14，15，21，23，24 组），作侧根夹角之和与最大摩擦力之差的关系图（图 6-26），并通过线性拟合可知侧根夹角之和与最大摩擦力之差有较显著线性正相关关系。拟合方程如下：

$$F_D=0.40\alpha-50.82 \quad (R^2 = 0.71，P < 0.05) \tag{6-8}$$

式中：F_D 为 2 次拉拔的最大摩擦力之差；α 为侧根夹角之和。

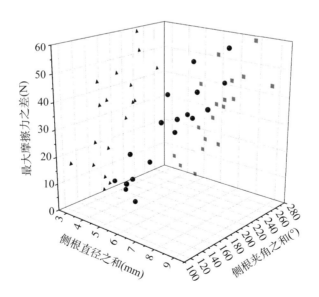

图 6-24　三侧根主侧根模式根系的拉拔摩擦试验结果三维图（最大摩擦力之差）

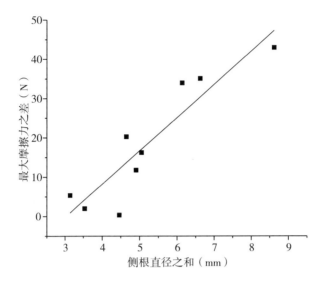

图 6-25　侧根直径之和与最大摩擦力之差的关系图

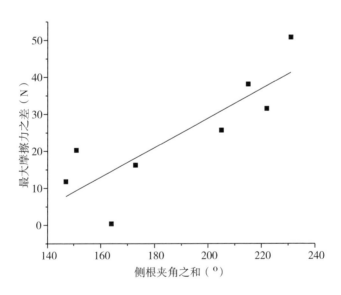

图 6-26　侧根夹角之和与最大摩擦力之差的关系图

对表 6-3 中的 18 组样本数据，作以侧根夹角之和为 X 轴，侧根直径之和为 Y 轴，峰值点位移之差为 Z 轴的三维图（图 6-27），可知侧根直径之和、侧根夹角之和对峰值点位移之差的影响很小，三维图中的数据点分布零散没有规律。

根据表 6-3 中的三侧根主侧根模式根系数据进行多元线性回归分析，y_1 为最大摩擦力之差，x_1 为侧根直径之和，x_2 为侧根夹角之和，得出线性回归方程为：

$$y_1 = -57.60 + 8.58x_1 + 0.20x_2 \qquad (R^2 = 0.82, \ P < 0.05) \qquad （6-9）$$

对方程中的系数用计算标准化偏回归系数法来处理得出：x_1 的标准化偏回归系数为 0.70，x_2 的标准化偏回归系数为 0.45。通过系数的对比可知，在三侧根主侧根模式根系的情况下，侧根直径之和对最大摩擦力之差的影响大于侧根夹角之和对最大摩擦力之差的影响，说明侧根直径更具影响根系侧根的抗拉拔能力。

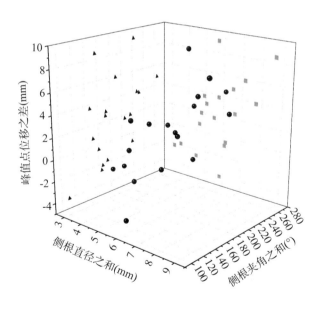

图 6-27 三侧根主侧根模式根系的拉拔摩擦试验结果三维图

（峰值点位移之差）

6.4.2 影响群根模式根系（二分叉根）与土壤拉拔摩擦性能的因素

从图6-28中可以直接得到二分叉根群根模式根系在进行完根系拉拔摩擦试验后的最大摩擦力，见表6-4。油松二分叉根群根模式根系的所有组别试验数据中，最大的最大摩擦力值为431.83N（第49组），最小的最大摩擦力值为183.84N（第15组），50组二分叉根群根模式根系的最大摩擦力值均值为272.57N±52.84N。根据前文所述可知，第49组二分叉根群根模式根系的分叉根直径之和是所有50组数据中最大的，而第15组的分叉根直径之和是所有50组数据中最小的。

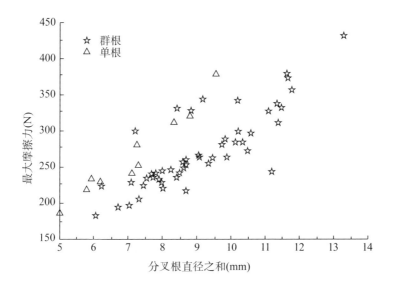

图6-28 分叉根直径之和与最大摩擦力的关系图

从图6-28可以看出，分叉根直径之和与最大摩擦力呈明显的正相关关系，分叉根直径之和越大，最大摩擦力也就越大，对比分别进行线性回归、幂回归和指数回归，得到回归方程式（6-10）至式（6-12）。从3种回归结果可以看出，相关系数比较接近，建议用式（6-10）来近似计算不同分叉根直径之和的最大摩擦力，比较方便。

线性回归：$F_{max} = 26.598 D_r + 30.889$　　　($R^2 = 0.6727$)　　　　（6-10）

幂回归：$F_{\max} = 41.074\,D_{\mathrm{r}}^{0.8558}$ $\qquad$ $(R^2 = 0.6723)$ $\qquad$ （6-11）

指数回归：$F_{\max} = = 113.47\mathrm{e}^{0.0945D_{\mathrm{r}}}$ $\qquad$ $(R^2 = 0.6819)$ $\qquad$ （6-12）

从图 6-28 也可以看出，当油松单根的直径与群根模式根系的分叉根直径之和相一致时，单根的最大摩擦力比群根模式的二分叉根根系的要大，其中影响因素除去根系自身表面状况和节点的影响外，分叉根夹角也是个重要指标，后文再分析。

从上述分析中可以得到，分叉根直径之和对于群根模式的二分叉根根系的拉拔摩擦力有着显著影响。从表 6-4 可以看出，在 50 组群根中，试验后出现最大峰值点位移为 11.86mm（第 49 组），试验后出现最小峰值点位移为 6.05mm（第 1 组），50 组群根模式的二分叉根的峰值点位移均值为 10.13mm ± 0.87mm。图 6-29 给出了分叉根直径之和与峰值点位移的关系。

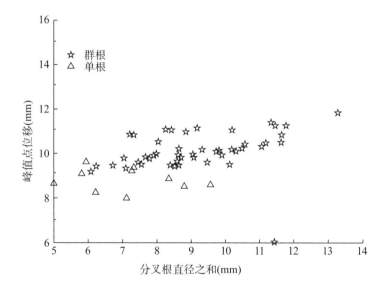

图 6-29　分叉根直径之和与峰值点位移的关系图

从图 6-29 可以看出，群根模式的二分叉根在进行根系拉拔摩擦试验后产生的峰值点位移随着分叉根直径之和的增大变化不大，总的来说与单根拉拔摩擦试验中不同单根直径下峰值点位移变化规律类似，可以认为群根模式二分叉根根系的峰值点位移与分叉根直径之和没有明显相关关系。从图 6-29 也可以看出，在群根模式二分叉根的分叉根直径之和与单根直

径比较接近的情况下，林木单根根系产生的峰值点位移比群根模式的要
小。除去根系表面状况的影响外，还应考虑分叉根夹角的影响。

　　图 6-30 为分叉根直径之和、分叉根直径之差与最大摩擦力的三维图，
结合表 6-4 可以看出，在分叉根夹角、分叉根直径之和比较接近的条件下，
分叉根直径之差对于最大摩擦力有一定影响，但影响不大。总的来说，在
分叉根夹角、分叉根直径之和相同的条件下，分叉根直径越接近，最大摩
擦力越大。

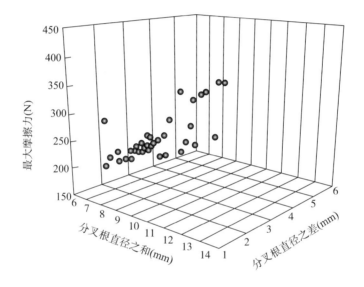

图 6-30　分叉根直径之和，分叉根直径之差与最大摩擦力的三维图

　　图 6-31 为分叉根直径之和、分叉根直径之差与峰值点位移的关系，
可以看出，分叉根直径之和与分叉根直径之差对峰值点位移都没有明显影
响，与油松单根拉拔摩擦试验中不同单根直径下峰值点位移变化规律类
似，直径不是影响峰值点位移的主要因素。

　　由于根系本身的生物学特性，各群根模式二分叉根样本之间千差万
别，以分叉根夹角为例，本文研究了 50 个样本，夹角从最小的 23° 到最
大的 66° 就出现了 35 个不同的夹角。根系由于自身的生物学特性，分叉
根夹角变化多样，所以研究夹角对群根根系 - 土壤拉拔摩擦性能的影响有
着重要现实意义。

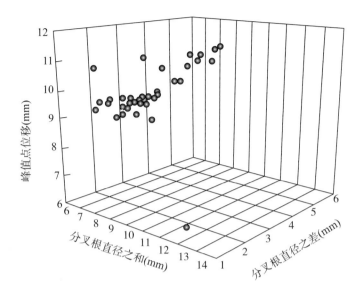

图 6-31 分叉根直径之和，分叉根直径之差与峰值点位移的三维图

为了比较分叉根夹角对群根模式二分叉根根系与土壤拉拔摩擦力的影响，图 6-32 是分叉根夹角、分叉根直径之和与最大摩擦力的三维图。前文所述，分叉直径之和对于最大摩擦力影响显著，所以在分析分叉根夹角影响的时候应在分叉根直径之和相同或接近的条件下进行。因此，从表 6-2 中挑出分叉根直径之和比较接近的 9 组数据（6，14，17，19，22，31，37，39，45 组），这 9 组群根直径从最小 8.40mm 到最大 8.68mm，均值 8.57mm ± 0.11mm，9 组直径很接近。这 9 组群根分叉根夹角从 26° ～ 59°，均值 40.78° ± 10.93°，夹角分布比较均匀。

图 6-33 为 9 组分叉根直径之和很接近的分叉根夹角与最大摩擦力关系图，从图中可以清楚看出，随着分叉根夹角的增大，最大摩擦力明显增大，分别采用线性回归、幂回归和指数回归，得到如下 3 个方程，相关指数分别为 0.7189，0.7212 和 0.7516，正相关性显著。

线性回归：$F_{max} = 26.598\alpha + 30.889$　　$(R^2 = 0.7189)$　　　　（6-13）

幂回归：$F_{max} = 67.349\alpha^{0.3614}$　　$(R^2 = 0.7212)$　　　　（6-14）

指数回归：$F_{max} = 175.85e^{0.009\alpha}$　　$(R^2 = 0.7516)$　　　　（6-15）

因此，分叉根夹角对群根模式二分叉根根系与土壤的拉拔摩擦性能影响显著，在分叉根直径之和相同的条件下，分叉根夹角越大，群根模式的二分叉根根系与土壤的拉拔摩擦能力也越大。图6-32中分叉根夹角、分叉根直径之和与最大摩擦力三维图也明显地反映了分叉根夹角的影响。

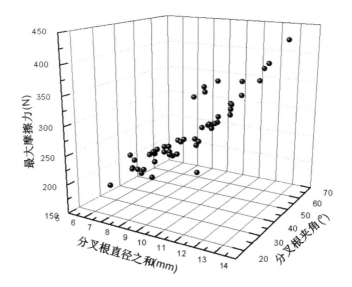

图 6-32　分叉根夹角、分叉根直径之和与最大摩擦力的三维图

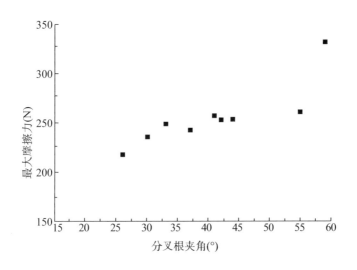

图 6-33　分叉根夹角与最大摩擦力的关系图

从图 6-34 和表 6-4 可以看出，在分叉根直径之和接近的条件下，分叉根夹角对于峰值点位移没有显著的影响，从分叉根直径之和接近的 9 组群根模式二分叉根样本（6，14，17，19，22，31，37，39，45 组）也可以清楚地得到这一结论。

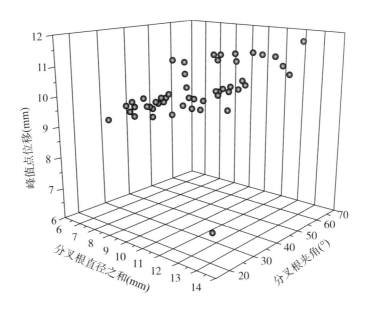

图 6-34 分叉根夹角、分叉根直径之和与峰值点位移的三维图

6.5 两种根系模式研究结果对比

6.5.1 侧根（分叉根）的直径和夹角对根系 – 土壤拉拔摩擦性能的影响

① 主侧根模式根系的一侧根、二侧根和三侧根的侧根直径（侧根夹角）之和与最大摩擦力有较显著的正相关关系，说明主侧根模式根系的侧根直径和侧根夹角这两个因素对根系 – 土壤拉拔摩擦能力影响很大，且侧根直径和侧根夹角越大，拉拔摩擦能力越强。而群根模式的二分叉根根系的分叉根直径之和以及分叉根夹角都与最大摩擦力有明显的正相关关系，

说明群根模式下二分叉根的根系分叉根直径与分叉根夹角这两个因素对根系－土壤拉拔摩擦能力影响也很大，且随着分叉根直径与分叉根夹角的增大，拉拔摩擦能力也越强。综合以上分析可知，侧根（分叉根）的直径和夹角这两个因素对根系－土壤拉拔摩擦能力影响都很大。

② 主侧根模式根系的一侧根、二侧根和三侧根的侧根直径（侧根夹角）之和与峰值点位移之间没有很明显的相关关系。而随着群根模式二分叉根根系的分叉根直径之和以及分叉根夹角的变化，其峰值点位移也没有明显的变化规律。由此可得，侧根（分叉根）的直径和夹角这两个因素对峰值点位移没有明显影响。

6.5.2 主侧根模式根系中侧根直径与侧根夹角对侧根拉拔摩擦能力的影响程度比较

通过对主侧根模式根系的试验数据进行多元线性回归分析，并对系数进行标准化偏回归处理，比较处理后的系数大小，可以看出侧根直径和侧根夹角这两个因素的影响程度。通过分析，发现在主侧根模式根系的一侧根和二侧根情况下，侧根夹角较侧根直径而言对侧根拉拔摩擦能力影响更大；在三侧根的主侧根模式根系情况下，侧根直径对侧根拉拔摩擦能力影响更大。

6.5.3 群根模式二分叉根根系的直径之差对根系－土壤拉拔摩擦特性的影响

在分叉根夹角与分叉根直径之和相同的情况下，分叉根直径之差越小，最大摩擦力越大，即分叉根夹角与分叉根直径之和相同，两个分叉根直径越接近，越能增加根系－土壤的拉拔摩擦能力。

参考文献

曹云生, 2014. 冀北山地油松根系固土机制的影响因素研究[D]. 北京: 北京林业大学.

常婧美, 等, 2018. 灌木根系几何特性对拉拔力影响的试验研究[J]. 水土保持通报, (6): 67–73.

陈丽华, 等, 2012. 林木根系基本力学性质[M]. 北京:科学出版社: 1–20.

陈丽华, 余新晓, 张东升, 2004. 整株林木垂向抗拉试验研究[J]. 资源科学, 26(7): 39–43.

成文浩, 陈林, 2013. 贺兰山油松林根系空间分布特征研究[J]. 水土保持研究, 20(1): 89–93.

程洪, 谢涛, 唐春, 等, 2006. 植物根系力学与固土作用机理研究综述[J]. 水土保持通报, 26(1): 97–102.

房娟, 陈光才, 楼崇, 等, 2011. Pb胁迫对柳树根系形态和生理特性的影响[J]. 安徽农业科学, 39(15): 8951–8953.

封金财, 王建华, 2004. 乔木根系固坡作用机理的研究进展[J]. 铁道建筑, (3): 29–31.

封金财, 2005. 植物根系对边坡的加固作用模拟分析[J]. 江苏工业学院学报, (3): 27–29.

高照全, 张显川, 王小伟, 2006. 不同水分条件下桃树根系的分形特征[J]. 天津农业科学, 12(3): 20–22.

何功秀, 2008. 桤木人工林根系形态、生物量和养分分布特性[D]. 长沙: 中南林业科技大学.

何跃军, 钟章成, 2012. 水分胁迫和接种丛枝菌根对香樟幼苗根系形态特征的影响[J]. 西南大学学报: 自然科学版, 34(4): 33–39.

季永华, 韦晓云, 1998. 河堤防护林带树木根系形态特征的研究[J]. 南京林业大学学报:

自然科学版, 22(3): 31–34.

姜志强, 孙树林, 2004. 堤防工程生态固坡浅析[J]. 岩石力学与工程学报, 23(12): 2133–2136.

蒋坤云, 陈丽华, 盖小刚, 等, 2013. 华北护坡阔叶树种根系抗拉性能与其微观结构的关系[J]. 农业工程学报, 29(3): 115–123.

解明曙, 1990. 林木根系固坡土力学机制研究[J]. 水土保持学报, 4(3): 7–14.

康影丽, 2019. 晋西黄土区油松根系分布及其与土壤理化特性的关系研究[D]. 北京: 北京林业大学.

李成凯, 2008. 青藏高原黄土区四种草本植物单根抗拉特性研究[J]. 中国水土保持, (5): 33–36.

李成烈, 万中生, 孟兆福, 等. 1983. 几种杨树根系形态在农防林设计中的应用[J]. 防护林科技, (0): 002.

李国荣, 胡夏嵩, 毛小青, 等, 2008. 寒旱环境黄土区灌木根系护坡力学效应研究[J]. 水文地质工程地质, (1): 94–97.

李贺鹏, 岳春雷, 陈友吾, 等, 2010. 浙南山区6种优势乔木植物根系的力学特性研究[J]. 浙江林业科技, 30(3): 6–11.

李宁, 2016. 四种乔木根系抗拉特性的影响因素研究[D]. 北京: 北京林业大学.

李绍才, 孙海龙, 杨志荣, 等, 2006. 护坡植物根系与岩体相互作用的力学特性[J]. 岩石力学与工程学报, 25(10): 2051–2057.

李铁军, 李晓华, 2004. 植被固坡机制的研究[J]. 水土保持科技情报, (2): 1–3.

李文娆, 张岁岐, 丁圣彦, 等, 2010. 干旱胁迫下紫花苜蓿根系形态变化及与水分利用的关系[J]. 生态学报, 30(19): 5140–5150.

李晓凤, 陈丽华, 王萍花, 2012. 华北落叶松根系抗拉力学特性[J]. 中国水土保持科学, 10(1): 82–87.

李臻, 余芹芹, 杨占风, 等, 2011. 西宁盆地两种灌木植物原位拉拔试验及其护坡效应[J]. 水土保持研究, 18(3): 206–209.

刘金梁, 2008. 东北5个树种根系结构研究[D]. 哈尔滨: 东北林业大学.

刘丽娜, 徐程扬, 段永宏, 等, 2008. 北京市3种针叶绿化树种根系结构分析[J]. 北京林业大学学报, 30(1): 34–39.

刘小光, 2013. 林木根系与土壤摩擦锚固性能研究[D]. 北京: 北京林业大学.

刘秀萍, 陈丽华, 宋维峰, 等, 2007. 油松根系形态分布的分形分析研究[J]. 水土保持通报, 27(1): 47–54.

刘亚斌, 等, 2017. 黄土区灌木柠条锦鸡儿根–土间摩擦力学机制试验研究[J]. 农业工程学报, 33(10): 198–205.

刘亚斌, 胡夏嵩, 等, 2018. 西宁盆地黄土区2种灌木植物根–土界面微观结构特征及摩擦特性试验, 岩土力学与工程学报, (5): 1270–1280.

鲁少波, 刘秀萍, 鲁绍伟, 等, 2006. 林木根系形态分布及其影响因素[J]. 林业调查规划, 31(3): 105–108.

吕春娟, 陈丽华, 赵红华, 等, 2013. 油松根系的轴向疲劳性能研究[J]. 摩擦学学报, 33(6): 578–585.

吕春娟, 陈丽华, 2013. 华北典型植被根系抗拉力学特性及其与主要化学成分关系[J]. 农业工程学报, (23): 69–78.

马晓东, 朱成刚, 李卫红, 2012. 多枝柽柳幼苗根系形态及生物量对不同灌溉处理的响应[J]. 植物生态学报, 36(10): 1024–1032.

石培礼, 钟章成, 李旭光, 1996. 桤柏混交林根系的研究[J]. 生态学报, 16(6): 623–631.

史敏华, 王棣, 李任敏, 1996. 太行山石灰岩区主要水保灌木根系分布特征与根抗拉力研究[J]. 北京林业大学学报, (S3): 34–37.

宋朝枢, 方奇, 邓明全, 1964. 美杨根系特性与形态的初步研究[J]. 林业科学, (3): 256–263.

宋恒川, 陈丽华, 吕春娟, 等, 2012. 华北土石山区四种常见乔木根系的形态研究[J]. 干旱区资源与环境, 26(11): 194–199.

宋会兴, 钟章成, 2009. 两种土壤类型草本植物根系丛枝菌根真菌多样性[J]. 应用生态学报, 20(8):1857–1862.

孙向丽, 张启翔, 2011. 不同水、肥供应对丽格海棠根系形态和生理指标的影响[J]. 西北林学院学报, 26(5): 46–52.

田佳, 刘耀辉, 2007. 华北地区几种常用边坡绿化植物的根系力学特性研究[J]. 中国水土保持, (10): 34–36.

王琼, 宋桂龙, 辜再元, 2008. 边坡生态防护中草本植物根系的力学试验研究. 工程绿化理论与技术进展[C]//全国工程绿化技术交流研讨会论文集, 北京: 中国水土保持学会会议论文集, 87–95.

王水良, 王平, 王趁义, 2010. 铝胁迫对马尾松幼苗根系形态及活力的影响[J]. 生态学杂志, (11): 003.

王晓冬, 曹立萍, 刘延迪, 2011. 干旱胁迫对真桦根系形态及生物量分配的影响[J]. 防护林科技, (5): 009.

王秀荣, 廖红, 严小龙, 2004. 不同供磷水平对拟南芥根形态的影响[J]. 西南农业学报, 增刊, (17): 193–195.

王政权, 郭大立, 2008. 根系生态学[J]. 植物生态学报, 32(6): 1213–1216.

向师庆, 赵相华, 1981. 北京主要造林树种的根系研究[J]. 北京林业学院学报, (2): 19–32.

肖盛燮, 周辉, 等, 2006. 边坡防护工程中植物根系的加固机制与能力分析[J]. 岩土力学与工程学报, 25(s1): 2670–2674.

谢文华, 张道明, 1995. 马尾松杜仲混交林根系特性研究[J]. 安徽农业大学学报, 22(3): 256–261.

谢钰容, 周志春, 金国庆, 等, 2004. 低P胁迫对马尾松不同种源根系形态和干物质分配的影响[J], 林业科学研究, 17(3): 272–278.

熊燕梅, 夏汉平, 李志安, 等, 2007. 植物根系固坡抗蚀的效应与机理研究进展[J]. 应用生态学报, 18(4): 895–904.

薛建辉, 王智, 吕祥生, 2006. 林木根系与土壤环境相互作用研究综述[J]. 南京林业大学学报, 26(3): 79–84.

杨维西, 赵廷宁, 李生智, 等, 1990. 人工刺槐林采伐后根系固土作用的衰退状况[J]. 水土保持学报, 4(1): 6–10.

杨维西, 黄治江, 1988. 黄土高原九个水土保持树种根的抗拉力[J]. 中国水土保持, (9): 47–49.

杨喜田, 杨小兵, 曾玲玲, 等, 2009. 林木根系的生态功能及其影响根系分布的因素[J]. 河南农业大学学报, 43(6): 681–690.

杨永红, 王成华, 刘淑珍, 等, 2007. 不同植被类型根系提高浅层滑坡土体抗剪强度的试验研究[J]. 水土保持研究, 14(2): 233–235.

杨苑君, 2016. 华北典型乔木根系抗拉及土壤抗剪性能研究[D]. 北京: 北京林业大学.

野久田稔郎, 等, 1997. 由根系抗拉强度推算根系固坡效果[J]. 水土保持科技情报, (1): 25–28.

翟明普, 1982. 北京西山地区油松元宝枫混交林根系的研究[J]. 北京林业学院学报, (1): 1–12.

张超波, 2011. 林木根系固土护坡力学基础研究[D]. 北京: 北京林业大学.

张云伟, 刘跃明, 周跃, 2002. 云南松侧根摩擦型根土粘合键的破坏机制及模型[J]. 山地学报, 20(5): 628–631.

赵亚楠, 2006. 芦苇的快速繁育方法及其根茎抗阻拉力研究[D]. 长春: 东北师范大学.

赵忠, 李鹏, 王乃江, 2000. 渭北黄土高原主要造林树种根系分布特征的研究[J]. 应用生态学报, 11(1): 37–39.

郑力文, 等, 2014. 油松根系直径对根–土界面摩擦性能的影响[J]. 北京林业大学学报, 36(3): 90–94.

郑明新, 等, 2018. 不同生长期多花木兰根系抗拉拔特性及其根系边坡的稳定性[J]. 农业工程学报, 34(20): 175–182.

郑文宁, 2005. 植物防护对边坡稳定性的影响[J]. 中外公路, 25(4): 218–220.

国家质量技术监督局, 中国人民共和国建设部, 1999. 土工试验方法标准: GB/T 50123—1999[S]. 北京: 中国计划出版社.

国家质量监督检验检疫总局, 中国人民共和国国家标准化管理委员会, 2009. 木材物理力学试验方法总则: GB/T 1928—2009[S]. 北京: 中国标准出版社.

周朔, 2011. 林木根系拉伸力学特性研究[D]. 北京: 北京林业大学.

周跃, 徐强, 骆华松, 等, 1999. 乔木侧根对土体的斜向牵引效应 Ⅱ 野外直测[J]. 山地学报, 17(1): 10–15.

朱海丽, 胡夏嵩, 毛小青, 等, 2008. 青藏高原黄土区护坡灌木植物根系力学特性研究[J]. 岩石力学与工程学报, 27(增2): 3445–3452.

朱清科, 陈丽华, 2002. 贡嘎山森林生态系统根系固土力学机制研究[J]. 北京林业大学学报, 24(4): 64–67.

庄晚芳, 1957. 茶树根系的研究[J]. 浙江大学学报: 农业与生命科学版, 2(2): 297–307.

Lindström A, Rune G, 1999. Root deformation in plantations of container-grown Scots pine trees: effects on root growth, tree stability and stem straightness[J]. Plant and Soil, (217): 29-37.

Abrnethy B, Ruherfurd I D, 2001. The distribution and strength of riparian tree roots in relation to riveibank reinfbrcement[J]. Hydrological Process, 15(1):63-69.

Aguín O, Mansilla J P, Vilariño A, et al., 2004. Effects of mycorrhizal inoculation on root morphology and nursery production of three grapevine rootstocks[J]. American Journal of Enology and Viticulture, 55(1): 108-111.

Arroo R R J, Develi A, Meijers H, et al., 1995. Effect of exogenous auxin on root morphology and secondary metabolism in Tagetes patula hairy root cultures[J]. Physiologia Plantarum, 93(2): 233-240.

Béreau M, Garbaye J, 1994. First observations on the root morphology and symbioses of 21 major tree species in the primary tropical rain forest of French Guyana[C]//Annales des sciences forestières, EDP Sciences, 51(4): 407-416.

Bischetti G B, Chiaradia E A, Epis T, et al., 2009. Root cohesion of forest species in the Italian Alps[J]. Plant and soil, 324(1-2): 71-89.

Cocking D, Rohrer M, Thomas R, et al., 1995. Effects of root morphology and Hg concentration in the soil on uptake by terrestrial vascular plants[J]. Water, Air, and Soil Pollution, 80(1-4): 1113-1116.

Cofie P, Koolen A J, 2001. Test speed and other factors affecting the measurements of tree root properties used in soil reinforcement models[J], Soil and Tillage Research, Dec63: 51-56.

Coutts M P, 1983. Root architecture and tree stability. Plant and Soil, (71): 171-188.

Di Iorio A, Lasserre B, Scippa G S, et al., 2005. Root system architecture of Quercus pubescens trees growing on different sloping conditions[J]. Annals of Botany, 95(2): 351-361.

Eis S, 1974. Root system morphology of western hemlock, western red cedar, and Douglas-fir[J]. Canadian Journal of Forest Research, 4(1): 28-38.

Genet M, Stokes A, Salin F, et al., 2005. The influence of cellulose content on tensile strength in tree roots[J]. Plant and soil, 278(1-2):1-9.

Goodman A M, Ennos A R, 1999. The effects of soil bulk density on the morphology and anchorage mechanics of the root systems of sunflower and maize[J]. Annals of Botany, 83(3): 293-302.

Gray D H, 1996. Biotechnical and soil bioengineering slope stabilization: a practical guide for erosion control[M]. New Jersey: John Wiley & Sons.

Hales T C, Ford C R, Hwang T, et al., 2009. Topographic and ecologic controls on root reinforcement[J]. Journal of Geophysical Research: Earth Surface, 114(F3).

Hathaway R L, Penny D, 1975. Root Strength in some Populus and Salix clones[J]. New Zealand Journal of Botany, 13(3): 333-343.

Hendrick R L, Pregitzer K S, 1992. Spatial variation in tree root distribution and growth associated with minirhizotrons[J]. Plant and Soil, 143(2): 283-288.

Hirano Y, Hijii N, 1998. Effects of low pH and aluminum on root morphology of Japanese red cedar saplings[J]. Environmental pollution, 101(3): 339-347.

Hugo Schiechtl, 1982. Bioengineering for land reclamation and conservation[J]. University of alberta press, Edmonton, Alberta, Canada, 9(2):171.

Kormanik P P, Muse H D, 1986. Lateral roots a potential indicator of nursery seedling quality[C]//TAPPI Research and Development Conference Proceedings, Raleigh, NC, 187-190.

Lateh H, Bakar M A, Khan Y A, et al., 2011. Influence of tensile force of agave and tea plants roots on experimental prototype slopes[J]. International Journal of the Physical Sciences, 6(18): 4435-4440.

Lemke K, 1956. Untersuchungen uber das Wurzelsystem der Roteiche auf diluvialen Standortsformen[J]. Arch. Forstw, (5): 8-45.

Meinen C, Hertel D, Leuschner C, 2009. Biomass and morphology of fine roots in temperate broad-leaved forests differing in tree species diversity: is there evidence of below-ground overyielding?[J]. Oecologia, 161(1): 99-111.

Norris J E, 2005. Root reinforcement by hawthorn and oak roots on a highway cut-slope in Southern England[J]. Plant and soil, 278(1-2): 43-53.

Operstein V, Frydman S, 2000. The influence of vegetation on soil strength[J]. Proceedings of the ICE-Ground Improvement, 4(2): 81-89.

Pollen Natasha, 2007. Temporal and spatial variability in root reinforcement of streambanks: Accounting for soil shear strength and moisture[J]. CATENA, 69(3): 197-205.

Ruehle J L, Kormanik P P, 1986. Lateral root morphology: a potential indicator of seedling quality in northern red oak[M]. US Department of Agriculture, Forest Service, Southeastern Forest Experiment Station.

Ruehle J L, 1985. The effect of cupric carbonate on root morphology of containerized mycorrhizal pine seedlings[J]. Canadian Journal of Forest Research, 15(3): 586-592.

Sheldon A R, Menzies N W, 2005. The effect of copper toxicity on the growth and root morphology of Rhossssssdes grass (Chloris gayana Knuth.) in resin buffered solution culture[J]. Plant and soil, 278(1-2): 341-349.

Soethe N, Lehmann J, Engels C, 2006. Root morphology and anchorage of six native tree species from a tropical montane forest and an elfin forest in Ecuador[J]. Plant and Soil, 279(1-2): 173-185.

Stokes A, 1999. Strain distribution during anchorage failure of Pinus pinaster Ait. at different ages and tree growth response to wind-induced root movement[J]. Plant and Soil, 217(1-2): 17-27.

Sudmeyer R, 2002. Tree root morphology in alley systems[J]. RIRDC/L&W Australia/ FWPRDC Joint Venture Agroforestry Program, Canberra, 22.

Theodorou C, Bowen G D, 1993. Root morphology, growth and uptake of phosphorus and nitrogen of Pinus radiata families in different soils[J]. Forest ecology and management, 56(1): 43-56.

Tosi M, 2007. Root tensile strength relationships and their slope stability implications of three shrub species in the Northern Apennines (Italy)[J]. GEOMORPHOLOGY, 87(4):268-283.

Wilcox H E, Ganmore-Neumann R, 1975. Effects of Temperature on Root Morphology and Ectendomycorrhizal Development in Pinus resinosa Ait[J]. Canadian Journal of Forest Research, 5(2): 171-175.

Wu T H, Beal P E, Lan C, 1988. In situ shear test of soil root systems[J]. Journal Geotechnical Engineering, 114(12): 1376- 1394.

Wu T H, Watson A J, El-Khouly M A, et al., 2004. Soil-root interaction and slope stability [C] // First Asia-Pacific Conference on Ground and Water Bioengineering for Erosion Control and Slope Stabilization, Manila, Philippines, April, 1999. Science Publishers, Inc.: 183-192.